수냐의
수학
영화관

수냐의 수학 영화관

영화로 수학 읽기, 수학으로 세상 읽기

김용관 지음

궁리
KungRee

| 들어가며 |

수학영화관에
초대합니다!

이 책은 순전히 수학을 싫어하고, 수학에 재미없어 하는 분들 덕택에 나올 수 있었습니다. 그분들이 아니었다면 저는 영화를 수학과 관련지어볼 생각조차 안 했을 것입니다. 수학과 출신도 아니고, 직업적인 수학자도 아니지만 저는 저만의 방식으로 수학의 재미에 푹 빠져 있었습니다. 하지만 대부분의 사람들은 그렇지 않습니다. 학생이건 어른이건 수학은 재미없는 과목입니다.

    저는 그분들에게 제가 느꼈던 재미와 감동을 전하기 시작했습니다. 내가 재미있었으니 다른 사람들도 그렇겠거니 생각했습니다. 성과가 없었던 것은 아니지만 그것은 순진한 생각이었습니다. 그것만으로는 역부족이었습니다. 색다르기는 하지만 여전히 수학은 수학이었던 것이죠. 더욱더 강력한 뭔가가 필요했습니다. 이때 영화가 눈에 들어왔습니다.

영화! 대부분의 사람들이 좋아합니다. 한마디로 재미있기 때문이죠. 접근하기 쉽고 편하고 즐겁습니다. '그래. 영화로 이야기를 해보자!' 이렇게 영화와의 인연이 시작됐습니다. 우선 수학영화라 할 만한 것들을 저부터 찾아보기 시작했습니다. 재미있었습니다. 그리고 수업할 때 참고로 보여주었습니다. 역시 재미있어 했습니다.

현실은 각박해지고 버거워져 갑니다. 재미없습니다. 그래서 현실에 대한 성찰로부터 자기 혁신, 사회 변화가 얘기되고 있습니다. 하지만 현실의 테두리 내에 머물러 있는 이들에게 그런 담론은 그저 듣기 좋은 이야기일 뿐입니다. 때로는 그런 이야기들이 현실을 더 비참하고 암울하게 만들어버리기도 합니다. '그렇게 살아야 하는데, 난 왜 이렇지?' 하면서.

웃음! 우리에게 진정 필요한 건 웃음인지도 모릅니다. 현실에서 잠시라도 벗어날 수 있을 때, 잠시라도 현실적인 답답함과 아픔을 잊고 웃을 수 있을 때 변화는 시작될 수 있습니다. 웃을 수 있을 때 현실을 긍정하고, 현실을 바꿔갈 수 있는 힘이 생깁니다. 그래서 『장미의 이름』의 호르헤 신부가 웃음을 소재로 한 아리스토텔레스의 책을 감추려 했나 봅니다.

수학은 우리에게 웃음을 주고 있나요? 수학 앞에서 웃을 수 있는 이들은 극소수일 겁니다. 많은 사람들이 수학을 가르치고 공부할 필요가 있다고 말하지만, 수학을 재미있어 하지는 않습니다. 그러나 유익함과 실용성만으로는 부족합니다.

저는 수학이 사람들에게 갚아야 할 빚이 있다고 봅니다. 우리는 수학을 통해 많은 것들을 계산합니다. 그 결과 내일을 위해 오늘 무엇을 해야 하는가를 따져봅니다. 하지만 이상하게도 그 과정에서 우리는 현실을 걱정하고 불안해하며 현실에 갇혀버리고 있습니다. 안 그런가요?

삶이 그러하듯, 이제 수학에도 재미와 감동이 있어야 합니다. 그게 진짜 사람을 위한 수학일 겁니다. 그런 수학, 상상도 잘 안 됩니다. 이럴 때 영화를 봐야 합니다. 수학 관련 영화, 생각보다 많습니다. 그리고 일반 영화를 수학적으로 해석해볼 여지는 더 많습니다. 영화만 봐도 수학이 달라질 수 있음을, 인간적일 수 있음을, 현실을 변화시켜가는 힘이 될 수 있음을 알 수 있습니다.

수학을 공부하다 보면 부딪치게 되는 질문이 있습니다. "수학, 어디다 써먹지?" '수학, 누가 왜 만들었을까?" "수학이 도대체 뭐야?" 쉬운 질문이지만 답변하기는 참 어렵습니다. 그래서 이 질문에 적절한 답변을 줄 만한 영화를 모으고 묶어봤습니다. 글과 더불어 영화를 직접 보면서 이 질문에 대한 나름대로의 답변을 찾아보시기 바랍니다.

많은 분들께 감사 드립니다. 특히 무엇으로도 수학에 흥미를 못 느껴서 제게 절망감을 안겨주신 분들이 먼저 떠오릅니다. 제가 영화에 눈길을 돌리도록, 영화를 통해 수학과 인간과 세상을 보는 눈을 키울 수 있도록 안내한 분들입니다. 수학영화에 관한 정보를 알려주신 분들, 영화를 볼 수 있도록 수고해주신 제작자·작가·배우 분들, '수학영화관'을 책으로 지어준 소중한 궁리 식구들 모두 고맙습니다.

한 가지 소망이 있습니다. 영화를 보면서 수학을 소재로 한 문학이나 영화가 우리나라에는 거의 없다는 것이 가슴 아팠습니다. 그만큼 수학이 멀리 있다는 것이겠죠. 하지만 달리 보면 그만큼 할 게 많다는 겁니다. 이 가능성을 보고 여기에 뛰어드는 분들이 많아져, 수학으로 감동받고 웃을 수 있는 일들이 많아졌으면 좋겠습니다. 그럴 수 있겠죠?

2013년 2월
수나 김용관

차례

| 들어가며 | 수학영화관에 초대합니다! ·········· 5

1관 수학, 어디다 써먹지? ·········· 11

- 모던 타임즈 **수, 생활을 바꾸다** 13
- 스니커즈 **0과 1, 소수로 움직이는 세상** 22
- 소셜 네트워크 **네트워크 사회에 발맞춰가는 네트워크 수학** 34
- 인셉션 **차원이 다른 수학** 49
- 문명과 수학 **문명이 묻고 수학이 답해온 이야기** 62
- 스탠드 업 **수학 교육에도 대화가 필요해** 74
- 넘버스 **문제 해결사냐 사고뭉치냐, 두 얼굴의 수학** 89

2관 수학, 누가 왜 만들었을까? ·········· 101

- 용의자 X의 헌신 **머리 좋은 새는 앉아서도 멀리 본다** 103
- 페르마의 밀실 **문제를 못 풀면 내가 죽는다!** 116
- 페르마의 마지막 정리 **누구보다 문제를 빨리 풀어야 한다** 130
- 21 **수학으로 돈 벌기 프로젝트** 139

| 아고라 | 히파티아, 신화가 된 수학계의 아프로디테 153
| 콘택트 | 우주 공통의 언어, 수 167

 3관 수학이 도대체 뭐야? 179

| 아이큐 | 수학의 왕도, 묻고 또 물어라! 181
| 옥스퍼드 살인사건 | 우연이냐 필연이냐 그것이 문제로다! 195
| 부러진 화살 | 수학자가 들려주는 사법부와 싸우는 기술 209
| 굿 윌 헌팅 | 잠자고 있는 수학 본능을 깨워라 223
| 아인슈타인과 에딩턴 | 수학, 우주의 신비를 풀어내다 236
| 박사가 사랑한 수식 | 수에게서 사는 법을 배우다 248

| 주 | 263
|『수냐의 수학영화관』에서 함께 본 작품 | 265
| 찾아보기 | 266

1관

수학,
어디다 써먹지?

수, 생활을 바꾸다

• 모던 타임즈 •

〈모던 타임즈〉(1936)는 채플린의 독특한 웃음으로 현대인의 생활상을 풍자하는 영화다. 채플린은 뭐 하나 제대로 하는 게 없는 사람으로 등장한다. 고로 어디에서도 환영받지 못하고 본의 아니게 이곳저곳을 떠돌게 된다. 그는 나사를 조이고, 나무 판자를 줍고, 음식을 나른다. 주어진 일에 항상 열심이건만, 그를 둘러싸고 웃기는 일들이 계속 해서 일어난다.

    나사 조이는 일을 너무 열심히 한 그는 결국 미쳐버린다. 돌아가는 건 뭐든지 조이려 한다. 여성들의 단추를 겁도 없이 조이려 하고, 기계 속으로 빨려 들어가서도 여전히 조이는 일을 하다가 공장을 아수라장으로 만들어 정신병원에 끌려간다. 누군가 떨어뜨린 깃발을 주인에게 돌려주려고 흔들어대다가 시위 주동자로 오인받아 감옥에 끌려가고,

판자 쪼가리 줍는 일을 하다가 배를 고정해놓은 판자를 빼버려 배를 바다에 침수시켜버린다. 늘 이런 식으로 말썽을 일으키고 다닌다.

영화 끝에서 그는 자신을 알아주는 여자친구와 함께 길을 떠난다. 그에게 현대생활은 맞지 않았다. 그에게 주어진 일은 단순했고 또 명확했다. 그 일을 그대로 받아들이고, 하라는 대로만 하면 그만이었다. 하나의 기계처럼! 그러나 그는 틈만 나면 하고 싶은 대로 했고, 주위의 일에 민감하게 반응했다. 게다가 그런 습성을 줄기차게 고집했다. 그도 우리처럼 놀고 싶고, 행복하고 싶고, 사랑하고 싶어 하는 사람이었다. 이런 면을 보며 관람객들은 그가 겪는 슬픔과 기쁨에 공감을 느낀다. 그의 행보에 자연스럽게 주목하게 되고, 그의 여행길에 함께 나서게 된다.

바쁘다, 바빠!

현대인의 생활! 일단 분주하다. 할 일이 많다. 바쁘다는 말과 시간이 없다는 말을 입에 달고 산다. 돈을 벌어야 하는 어른은 물론이고 어린이와 학생들도 마찬가지다. 앞날을 위한 준비를 미리미리 해야 하기 때문이다. 무얼 해야 할지 고민할 필요는 전혀 없다. 현대사회는 나이별로, 단계별로 무얼 준비하고 해야 하는지 친절하고 집요하게 가르쳐준다. 계속해서 밀려오는 나사를 조여야 하는 채플린의 입장과 다를 바가 없다. 속도를 따라 잘 조이면 숙련공, 속도에 못 맞추면 문제아가 된다.

타임 스케줄은 이런 현대인의 생활을 잘 보여준다. 때가 되면 일어나고, 일하러 가고, 밥 먹고, 놀고 잠을 잔다. 일일 시간표가 있다. 하루 하루뿐만 아니라 출생으로부터 사망에 이르는 인생 전반에 시간표는 따라다닌다. 현대인이 된다는 건 시간표에 따라 살아갈 몸과 마음의 준비를 하는 것이다. 〈모던 타임즈〉는 이러한 경향을 상징적으로 보여주는 장면으로 시작한다. 바로 시계, 채플린은 시계를 한동안 보여주고 난 후 이야기를 비로소 전개한다. 시계는 현대문명의 일부라기보다는 현대사회를 지탱해주는 하나의 시스템이다.

상황에 따라 달라지는 시간

시계는 시간을 알려주는 기계다. 약 6000년 전부터 문명의 시작과 더불어 사용되어왔다. 최초의 시계로 여겨지는 것은 해시계다. 해가 떠 있는 동안 그림자를 이용하여 낮을 일정한 간격으로 나누는 것이다. 하지만 해시계는 날씨가 좋지 않거나 밤이 되면 사용할 수 없었다. 이를 보완하여 물이나 불, 모래 등을 이용한 방법이 등장하였다. 그렇다면 옛날 사람들도 우리처럼 빡빡하게 시간에 쫓기며 살았을까?

그렇지 않았다. 정확히는 그럴 수 없었다. 옛날 우리 선조들은 하루를 십이간지에 따라 자시, 축시, … 해시처럼 12개로 나눴다. 한 시가 약 두 시간 정도였던 것이다. 이것 외에도 낮의 절반인 한 나절(약 6시간), 밥 한 끼 먹을 시간인 식경(食頃, 약 30분), 차 한 잔 마실 시간인 다경(茶頃, 약 15분), 한 시를 8개로 나눈 일각(一刻, 약 15분)이 있었다. 일각보다 더 짧은 것으로 촌각(寸刻)이 있었는데, 매우 짧은 시간이라는 의미로 사용되었다. 수로 표현 가능한 것 중 가장 짧은 시간은 일각이었다. 뭔가를 간절히 기다릴 때 '일각이 여삼추' 같다고 한다.

가장 짧은 시간인 일각이 세 번의 가을, 즉 3년과도 같을 정도였으니 얼마나 간절했겠는가?

고대에 시간은 지금의 분과 초처럼 세세하게 정의될 수 없었다. 그랬기에 그들에게 시계란 어느 정도의 길이를 갖는 시간을 '대략' 나타내는 것이지, 지금처럼 현재 시각을 정확히 나타내는 것은 아니었다. 우리에게 현재란 움직임이 전혀 없는 사진과도 같은 것이다. 그러나 고대인들에게 현재란 움직임과 이동이 있는 동영상과 같은 것이었다.

중세의 현재란 "칼날 같은 순간이 아니라 말안장 같은 시간, 그 자체에 폭을 가지고 있어서 우리가 편안히 앉을 수 있고, 그리하여 양쪽 방향으로 시간을 찬찬히 살펴볼 수 있는 그런 시간"이었다. 그렇기에 그들의 그림에는 하나의 현재가 아닌 여러 개의 현재가 아무런 모순 없이 공존할 수 있었다.

따라서 시간표라는 것이 지금과 달랐다. 고대에는 굵직굵직한 일들을 대략적으로 계획할 수밖에 없었다. 게다가 시간마저도 일정하지 않았다. 해시계만 하더라도 낮의 길이가 계절에 따라 달라지므로 전체 시간의 길이 또한 달라졌다. 여름에는 더 길었으며, 겨울에는 더 짧았다. 지역마다 해의 위치가 다르므로 시각 또한 달랐을 것이다. 또한 모든 사람들이 언제 어디서건 해시계를 확인할 수도 없었다. 시간이란 매우 유동적이었고, 오차가 많았으며, 모든 사람에게 동일하지 않았다. 시간표가 매사에, 모든 이에게 파고들기가 불가능했다.

시계란 자연에 속한 일부였기에 시간은 자연의 흐름을 따라 당연히 달라졌다. 사람에 따라, 상황에 따라서도 달라졌다. 조금 늦게 일어나도, 약속에 조금 늦더라도, 일을 조금 천천히 하더라도 변명의 여지는 있었다. 그리고 그런 상황을 받아들여야 했다. 이 점은 중세 수도원의 노래가 느렸던 이유와도 관련이 있다. 아침기도 때 수도사들은 다른 수도사들이 아침기도에 빠지는 죄를 범하지 않도록 가급적 노래를 느리게 불렀다. 빠르게 부르고 끝내버린다면 그때를 맞추지 못한, 신실하지만 운 없는 수도사들마저도 기도에 빠지는 죄를 짓게 되기 때문이다.[2]

누구에게나 똑같은 시간

이런 상황은 14세기부터 확연히 달라진다. 기계적인 시계가 등장하며 시계의 정확성이 높아지기 시작한 것이다. 갈릴레오 갈릴레이도 시계의 역사에서 한몫을 하게 된다. 1583년, 예배 중에 딴짓을 하던 그는 천장에 매달린 등을 관찰하며 등이 흔들리는 시간이 일정하다는 것을 발견했다. 이 원리, 진자의 등시성을 이용한 것이 괘종시계다. 네덜란드의 수학자 하위헌스는 1675년에 휴대할 수 있는 진자를 발명하여 휴대용 시계를 발명하였다. 이후 시계는 정확성이 높아지면서 널리 보급된다.

 기계식 시계의 등장으로 시간 개념은 바뀌었다. 이제 시간은 누구에게나, 동일한 간격으로 적용되었다. 길었던 시간 관념은 매우 짧아져 이제는 그때그때의 시각까지도 알 수 있게 되었다. 길이를 가진 선분으로 여겨졌던 시간이 점으로 표현되기 시작한 것이다. 시간은 이제 자연의 변화와는 상관없이 언제나 변함없이 흘러가게 되었다. 삶이 어떻든 이제 시간은 시간 나름대로 흘러간다. 오히려 시간을 따라 삶이 흘러간다. 삶이 우습고, 더러워도 시간은 똑같이 흐른다. 누가

기계식 시계의 등장으로
시간 개념은 바뀌었다.
이제 시간은 누구에게나,
동일한 간격으로 흘러간다.

뭐래도 국방부 시계는 돌아가는 것이다.

> "바뀌지 않는 속도로 인생은 나아간다. 돌아갈 수도 멈출 수도 없다. 어떤 폭풍우가 닥치든 어떤 바람이 불든 우리는 앞으로 나아가야 한다. 갈 길이 편안하든 힘든 길이든, 또는 짧든 길든, 인생은 일정한 속도로 자꾸만 나아갈 뿐이다."
>
> – 앨프리드 W. 크로스비, 『수량화 혁명』

기계 시계는 등장과 함께 사람들의 삶을 바꾸어놓았다. 완전히 새로운 생활방식에 사람들은 적응해야 했다. 모든 사람이 동일한 시간의 적용을 받게 되면서 예전에는 가능했던 변명이 통하지 않게 되었다. 이제 모든 행위는 시계에 맞춰 이뤄져야 했다.

노동 통제라는 것도 시계의 등장 직후인 14세기 전반에 나타나게 된다. 당시 프랑스 아미앵이라는 도시의 시장과 원로에게는 노동자들이 아침에 일하러 나가는 시간과 식사 시간, 식사 후 다시 일하러 돌아와야 할 시간, 일을 마칠 시간 등을 정해 이를 종소리로 알리고 통제할 권한이 있었다고 한다.

이런 모습은 〈모던 타임즈〉에 등장하는 노동자들의 모습과 다르지 않다. 출근 도장을 찍으며 시작된 근무시간은 철저하게 시간표에 맞춰 흘러간다. 사장은 모니터를 통해 공장의 모든 상황을 환히 살피고 나서, 화장실에서 담배 한 대 피우는 채플린을 몰아세우며 일터로 돌려보낸다.

영화는 조금의 시간이라도 뺏기 위한 기가 막힌 방법을 선보인다. 노동자들의 점심시간마저도 빼앗기 위해서, 자동으로 먹여주는 기계를 만들어 판매하는 업자들이 등장한다. 그 알 수 없는 기계를 앞에 두고, 판매업자는 기대감 어린 눈으로, 사장은 호기심 어린 눈으로, 노동자인 채플린은 황당한 눈길로 마주하게 된다. 물론 채플린은 의도치 않게 그 기계를 망가뜨려 무용지물로 만들어버리는 위력을 보여준다.

한없이 0에 가까운… 미분의 등장

시계의 등장으로 시간이란 것은 매우 명쾌하고 분명한 것이 돼버렸다. 시간을 정복하기 위한 사람들의 오랜 노력이 그것을 가능케 했다. 모호하고 다소 신비하기까지 했던 시간과의 게임은 이미 끝난 것이 돼버렸고 그것을 이용해 다른 일을 하는 데 더 많은 관심을 두게 됐다. 시간을 잘게 쪼개주는 엄밀한 시계의 등장은 분석이란 이름으로 과학을 발전시켰고, 계획이란 이름으로 사람들의 삶을 바꾸어놓았다.

잘게 쪼개서 측정할 수 없었기에 예전에는 운동에 대한 관심이 주로 운동의 시작과 끝에 있었다. 그러나 이제는 운동의 전후뿐만 아니라 특정한 순간의 운동 상태에 대한 것으로 관심이 확대되었다. 한 순간의 시각을 알게 됐기에, 그 시각의 운동마저도 궁금해진 것이다. 미분이라는 혁명적인 수학의 분야는 이렇게 등장하였다.

미분은 운동 전후의 속도가 아닌 매 순간마다의 속도인 순간속도를 알아내기 위한 관심으로부터 근대에 형성된 수학이다. 순간속도를 알아내는 데 중요한 개념은 무한소이다. 무한소란 0은 아니지만 0에 무한히 가까운 크기를 말한다. 어떤 운동의 시간적인 격차를 무한소의 크기로 줄임으로써 특정 순간의 순간속도를 구해낸다. 이것은 시간을 잘게 쪼개주는 시계의 기능이 수학에 적용된 경우다. 시계를 통해 갖게 된 시간 관념이 수학과 과학에 그대로 옮아간 것이다.

이제 수학은 우리의 매 순간과 공간의 구석구석까지 파고들게 되었다. 하나의 경험은 다른 분야로 전해지고 확대되었다. 관심을 갖는 모든 시공간에 수학은 얼마든지 힘을 발휘할 수 있다. 원하는 만큼 잘게 쪼개면 된다. 이건 1, 2, 3, …과 같은 자연수만의 세계에 $\frac{1}{2}, \frac{1}{3}, \frac{1}{4}, \cdots$ 과 같은 분수가 등장한 것과 같다. 자연수는 세밀하지 않고 띄엄띄엄 존재한다. 그러나 분수는 얼마든지 잘게 쪼개는 것이 가능하다. 띄엄띄엄 삶에 관여하던 수학이 우리가 상상할 수 있는 것 이상으로 촘촘하게 개입하게 됐다. 수와 수학은 일상 곳곳 어디서든 넘쳐난다.

0과 1, 소수로 움직이는 세상

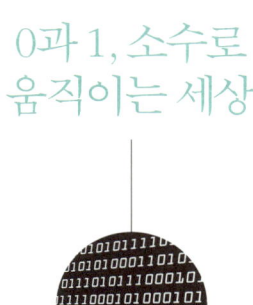

• 스니커즈 •

스니커즈란 밑창이 고무로 되어 있어서 소리가 나지 않는 운동화를 말한다. 편하고 예뻐서 젊은이들이 애용하는 신발이다. 이런 이름을 갖게 된 것은 sneaker라는 단어가 '살금살금 걷는 사람'이라는 뜻을 지녔기 때문이다. 이 말은 컴퓨터 보안 시스템을 점검해주기 위해 일부러 컴퓨터 시스템에 침투하는 전문가들을 가리키기도 한다.

〈스니커즈〉(1992)는 이런 스니커즈들을 소재로 한 영화다. 주인공 비숍은 여러 명의 실력 있는 사람들과 팀을 이뤄 특정 시스템에 침투하는 일을 한다. 어느 날 그에게 정부 측 인사들이 접근하여 정부를 대신해서 어떤 기계를 빼내올 것을 요청한다. 거절하고 싶었지만 그럴 수 없었다. 비숍은 젊었을 적에 친구 코스모와 함께 컴퓨터를 이용하여 대통령과 정당의 돈을 빼내 다른 단체에 나눠주는 의로운 장난을 쳤다. 그들은 그걸 알고 있었고, 그 과거를 덮어주겠다며 협박성 거래를 제안했던 것이다.

비숍과 동료들은 울며 겨자 먹기로 그 일을 맡아 별다른 어려움 없이 기계를 빼돌린다. 그런데 그걸 넘겨주려던 찰나에 일이 꼬이고, 비숍은 살인범으로 몰리며 쫓기는 신세가 된다. 그 과정에서 비숍은 이 모든 일이 옛 친구인 코스모가 그 기계를 얻기 위해 꾸민 것임을 알게 된다. 이 기계를 얻기 위한 쟁탈전에 정부와 국가까지 가세하며 이야기는 전개된다. 현대문명의 축소판이라 할 만한 이 기계는 수를 핵심으로 다루고 있다. 그런 기계가 쟁탈전의 핵심이 되었다는 것은 현대문명에서 수가 그만큼 중요해졌음을 말해준다.

0과 1로 움직이는 정보화 사회

이 영화는 1992년 작품이다. 당시는 386 컴퓨터가 보급되고 pc 통신이 유행하던 때였다. 그런 시기에 〈스니커즈〉는 미래를 다녀와 말하는 것처럼 미래사회의 모습을 정확하게 예언하고 있다. 비숍과 코스모의 대화에서 코스모가 말한다.

"세상은 더 이상 무기나 에너지, 돈으로 움직일 수 없게 됐어. 이젠 1과 0, 그리고 자료의 조각들에 의해 세상은 좌지우지돼. 모든 게 전자 세상이야."

코스모는 권력 운운하면서 이제 세상이 정보의 주도권을 누가 잡느냐의 전쟁을 하고 있다고 말한다. 그리고 모든 정보는 곧 0과 1로 표현된 자료들의 조각이라고 한다. 이는 0과 1을 통해 모든 것을 표현하는 컴퓨터를 두고 한 말이다. 모든 정보는 컴퓨터화되는데, 0과 1

단 두 개가 그 모든 것을 떠받들고 있다.

컴퓨터에서 모든 숫자나 문자는 전기적인 신호의 조합으로 표현된다. 그런데 전기적인 신호로 실제 사용되는 것은 딱 두 가지다. 신호가 켜지는 on과 신호가 꺼지는 off. 그 이유는 두 가지 신호를 가장 확실하게 주고받을 수 있기 때문이다. 두 가지가 아닌 여러 단계로 구분할 경우 전기적인 신호의 세기를 여러 가지로 조절해야 하는데, 이 경우 오류가 발생할 수 있다. 그래서 컴퓨터에서는 딱 두 가지 신호만을 사용한다.

진법에 따라 달라지는 숫자와 계산

두 가지 신호만 사용하는 것은 2진법과 같은 시스템이다. 진법이란 수를 묶어서 세는 것을 말하는데, 몇 개를 묶어 더 큰 수를 만드느냐에 따라 진법이 결정된다. 우리가 사용하는 아라비아 숫자는 10진법이기에 수의 자리값이 1, 10, 100, 1000, …과 같다. 그렇기에 0부터 9까지 총 10개의 숫자가 필요하다. 9 다음은 자리값의 위치를 바꿔 10이 되기 때문이다. 만약 5진법이면, 자리값의 크기는 1, 5, 25, 125, …가 되고, 필요 숫자는 0부터 4까지 다섯 개가 된다.

진법에 따라 필요 숫자, 자리값의 크기는 달라진다. 계산할 때 부딪치는 경우의 수도 달라진다. 계산에서는 두 개의 수가 만난다. 두 수를 더하거나 곱하거나! 따라서 10진법에서는 숫자가 10개이므로, 계산시 10×10, 즉 100가지의 경우가 발생한다. 진법이 커질수록 숫자도 많이 필요하게 되고, 그만큼 계산할 때 발생하는 경우의 수도 많아진다.

진법	자리값의 크기	필요 숫자	예	계산시 경우의 수
10	…, 1000, 100, 10, 1	0, 1, 2, 3, 4, 5, 6, 7, 8, 9	1111	10×10
5	…, 625, 125, 25, 5, 1	0, 1, 2, 3, 4	$1111_{(5)} = 156_{(10)}$	5×5
2	…, 32, 16, 8, 4, 2, 1	0, 1	$1111_{(2)} = 15_{(10)}$	2×2

그렇다면 진법이 커질수록 불편하기만 할까? 오히려 편한 점도 있다. 진법이 크기에 큰 수를 보다 간단하게 표현할 수 있다. 10진법의 356을 7진법, 4진법, 2진법으로 나타내 확인해보자.

$$356_{(10)} = 1016_{(7)} = 11210_{(4)} = 101100100_{(2)}$$

356의 크기는 10진법에서는 세 자리다. 그러나 7진법에서는 네 자리, 4진법에서는 다섯 자리, 2진법에서는 무려 아홉 자리다. 진법이 클수록 자릿수가 짧아지고, 진법이 작을수록 길어진다. 수가 길어지면 계산 과정도 길어지는 법이다. 10진법에서는 356×356이지만, 2진법에서는 101100100×101100100이 된다. 10진법에서는 세 자리이므로 3×3, 즉 9번의 곱이면 된다. 그러나 2진법에서는 9×9, 즉 81번의 곱셈을 해야만 한다. 이 점이 2진법이 일상생활에서 사용되기 어려운 이유다.

사람은 10진법, 컴퓨터는 2진법

2진법은 숫자 두 개, 계산의 경우는 네 가지가 발생한다. 이 점만 고려한다면 매우 간단하고 편하다. 그러나 2진법에서 수는 길어진다. 이런 2진법을 일상생활에서 사용한다고 생각해보라. 주민등록번호나 버스번호, 집주소, 자동차번호 등이 무척 길어질 것이다. 1년 365일이 2진법으로는 101101101일이 돼버린다. 인간이 한눈에 알아보거나 기억하기 쉬운 수는 일반적으로 네 자리 내외다. 따라서 2진법을 사용할 경우 우리는 일상생활에서 필요한 수들을 외우지 못하고 모두 기록하거나 그런 정보를 저장한 기기를 늘 가지고 다녀야 한다. 게다가 매우 긴 계산 과정을 거쳐야 한다.

컴퓨터의 경우는 다르다. 컴퓨터의 최대 장점은 데이터의 처리속도가 빠르다는 것이다. 수가 길거나 계산을 많이 하는 것은 큰 문제가 되지 않는다. 이런 점은 오직 인간에게만 문제가 된다. 게다가 두 가지 신호만이 확실하게 사용될 수 있다는 점 또한 컴퓨터와 딱 맞아떨어진다. 그래서 사람은 10진법, 컴퓨터는 2진법을 사용한다.

0과 1을 갖는 자, 세상을 가질 수 있다

코스모의 말처럼 21세기의 우리는 정보에 의해 운영되는 정보화 사회를 살아가고 있다. 돈과 돈은 예전처럼 사람과 사람이 만나 직접 주고받지 않아도 된다. 월급이나 필요한 돈을 온라인으로 주고받는다. 물건을 사거나 차를 탈 때도 카드 하나만 있으면 그만이다. 여기에 실제적인 돈은 없다. 돈에 대한 정보만 주고받는 것이다. 학교나 회사에 갈

때, 차를 탈 때, 물건을 사고팔 때 주고받는 정보는 곧 우리 자신의 행적에 대한 정보가 된다. 그 정보를 따라 자신의 삶의 궤적이 그려진다.

우리가 보고 듣고 생각하는 모든 것은 정보화된다. 그렇기에 그 정보만 살짝 조작하는 것으로 우리는 권력을 쥘 수도, 누군가에게 넘겨줄 수도 있다. 모든 정보는 곧 0과 1의 조합이다. 고로 0과 1의 조합을 바꾸는 것만으로 세상이 달라지고, 세상을 달라지게 할 수 있다. 영화상에서 사건의 중심이 되는 블랙박스가 바로 그런 것이었다.

수학, 암호체계를 풀다

이 블랙박스는 자넥이라는 수학자가 고안한 것으로 그 기능이 실로 놀라웠다. 그것은 컴퓨터의 모든 보안 시스템을 뚫고 들어간다. 블랙박스를 통하면 은행 시스템, 항공교통 시스템, 송전망 시스템에 쉽게 들어가서 맘껏 조작할 수 있게 된다. 컴퓨터로 구축된 정보가 있는 곳은 어디든 뚫을 수 있다. 그렇게 되면 컴퓨터에 의해 운영되는 모든 곳과 모든 것을 주물럭주물럭할 수 있게 된다. 블랙박스와 키보드만으로 세상의 권력을 거머쥐는 영화와 같은 일이 실제로 가능할까?

2004년 6월에 수학의 난제라 일컬어진 가설 하나로 세상이 시끄러웠다. 미국의 한 교수가 리만의 가설을 풀었다며 증명 과정을 공개했다. 상금 100만 달러가 걸려 있는 리만의 가설은 7대 밀레니엄 수학 문제 중 하나다. 같은 해 9월 영국의 한 과학축제에서 재미있는 주장이 제기되었다. 이 가설이 풀릴 경우, 인터넷 보안체계가 뚫려 모든 전자상거래가 불가능해질 수도 있다는 것이었다.[5] 영화 같은 일이 실제로 일어날 수도 있다는 말이다.

〈스니커즈〉에서 블랙박스를 고안한 사람은 수학자였다. 그리고 2004년 보안체계에 대한 문제제기 역시 수학적 가설의 증명과 관련된 것이었다. 둘 다 보안체계를 수학과 연결 짓고 있다. 인터넷 보안체계와 수학 사이에 어떤 관련이 있음을 짐작할 수 있다.

리만의 가설이 뭐길래

리만의 가설은 수학자 리만이 세운 가설이다. 1859년에 그는 그의 논문 「주어진 수보다 작은 소수의 개수에 관하여」에서 이 가설을 언급했다. 여기서 제타함수라는 걸 정의하면서 '제타함수의 값이 0이 되는 복소수의 실수부가 모두 $\frac{1}{2}$일지도 모른다'는 가정을 했는데, 이것이 리만의 가설이다. 그는 가설의 증명을 시도하지 않았다. 다만 가설이 참일 경우 소수의 개수는 일정한 패턴을 갖게 된다는 것을 보였다. 리만은 1866년에 사망했는데, 가정부가 집을 정리하면서 그의 연구자료를 불태워버려 그 가설의 증거가 없어졌다고도 한다.

소수(素數)란 2, 3, 5, 7처럼 1과 자기 자신만을 약수로 갖는 수를 말한다. 고대부터 수학자들의 관심사였던 소수는 아직까지 수학이 정복하지 못한 미스터리다. 최대 관심사는 소수의 규칙성에 관한 것이다. 소수의 규칙만 알아낸다면 우리는 소수를 예측할 수 있고, 분포도 알 수 있다. 어떤 수가 소수인지 아닌지도 구분할 수 있다. 그러나 아직까지 규칙성을 발견하지 못해 소수는 여전히 신비한 영역으로 남아있다. 리만의 가설은 이런 소수를 다루고 있기에, 그 가설의 증명은 소수의 신비를 벗기는 데 큰 역할을 하게 된다.

© Embe2006 | Dreamstime.com

"이제 세상은 1과 0, 그리고 자료의 조각들에 의해

좌지우지돼. 모든 게 전자 세상이야."

- 〈스니커즈〉

소인수분해를 이용한 보안 시스템, RSA

1977년 컴퓨터 시스템 개발자들이 100달러의 상금을 걸었다. 그들이 제시한 공개 키인 RSA-129라는 암호를 풀라는 것이었는데, 그 암호는 소수의 곱으로 이뤄진 것이었다. 따라서 그들이 낸 문제는 그들이 제시한 수를 소수의 곱으로 소인수분해하라는 것이었다. 그냥 넘어갈 수도 있던 이 문제는 마틴 가드너가 《사이언티픽 아메리칸》이란 잡지에 '수백만 년이 걸려야 풀리는 새로운 종류의 암호'라는 도발적인 제목으로 소개하면서 유명세를 탔다. 문제의 수는 129자리의 다음과 같은 수였다.

11438162575788886766923577997614661201021829672
12423625625618429357069352457338978305971235639
5870505898907514759929002687954354

과연 독자들은 얼마나 빨리 풀었을까? 이 문제는 공개 이후 풀리지 못하다가 17년이 지난 1994년 4월 26일이 되어서야 풀렸다. 그것도 한 팀이 인터넷으로 1600대의 컴퓨터를 연결하여 8개월이라는 시간을 소요해 이룬 성과였다. 비록 수백만 년이 걸리지는 않았지만, 겨우 하나의 수를 소인수분해하는 데 걸리는 시간치고는 꽤 길다.

이 문제를 낸 개발자들은 RSA 팀이었는데, RSA란 명칭은 로널드 리베스트, 아디 샤미르, 레너드 애들먼의 이름 앞글자를 딴 것이다. 그들은 컴퓨터에서 보안을 담보할 수 있는 프로그램인 RSA 알고리즘을 1977년에 개발하였다. 그리고 이 방법에 특허를 냈고, RSA 데이터

시큐러티 회사를 설립하였다. 그들이 낸 문제는 그 시스템의 탁월함을 보이기 위한 것이었다.

RSA 알고리즘은 암호화 키와 복호화 키로 구성된다. 암호화 키에 의해 만들어진 암호는 공개되는데 그 공개 키로는 복호화 키를 알 수 없다. 사용자만이 간직한 복호화 키를 통해서만 그 암호는 풀리게 되어 있다. 그런데 이때 사용되는 것이 소수이다. 이것이 RSA 팀이 수의 소인수분해 문제를 낸 이유이다.

851은 소수일까 아닐까? 소수의 규칙이 아직 밝혀지지 않았기에 척 보고 확인할 방법은 없다. 직접 소인수분해를 해보는 수밖에 없다. 2부터 수를 늘려가며 851을 나눠봐야 한다. 한참을 하다 보면 851=23×37이란 걸 알게 된다. 851은 소수가 아니다. 이렇듯 세 자리만 돼도 소수인지의 여부를 바로 확인하기가 어려워진다.

알고 있는 소수들을 곱해서 어떤 수를 만들어내는 것은 쉽다. 13×59×79=60593이다. 따라서 소수들의 곱으로 이루어진 60593은 소수가 아니다. 그러나 60593이란 수를 처음 접한 사람은 이게 소수인지 아닌지, 어떤 소수들의 곱인지를 알아내기가 어렵다. 자릿수가 늘어날수록 소수에 대한 인간의 한계는 확실해진다. 사실상 불가능해진다. 이런 점 때문에 소수가 컴퓨터 암호화를 의해 사용되고 있는 것이다.

지금의 전자상거래에서 사용되는 수는 어마어마한 수이다. 그 크기가 자그마치 10의 80제곱, 즉 10^{80}이란다. 1조가 10^{12}이고, 무한대 이전의 가장 큰 수인 무량대수가 10^{68}이란 걸 상기하면 10^{80}이 얼마나 큰지 알 수 있다. 이렇게 어마어마한 수를 소인수분해한다는 것은 사실상 불가능하기에 이 방법은 여전히 보안 시스템에 사용되고 있다.

수학이 바뀌면 문명도 바뀐다네!

고대 그리스인들은 소수의 존재를 일찌감치 알고 있었고 이해하려 애썼다. 지금까지의 연구를 통해 나름의 성과는 있었지만 소수 탐구의 핵심인 규칙성 면에서는 알아낸 것이 없다. 잘 모르겠다는 사실만을 알아냈을 뿐이다. 그나마 잘 알려진 성과는 소수가 무한하다는 것을 증명한 유클리드의 증명이다. 그는 소수가 유한할 것이라는 가정의 모순을 증명함으로써 소수는 무한하다는 사실을 일찌감치 증명한 바 있다.

우리가 살아가는 정보화 사회를 떠받들고 있는 수는 0과 1이다. 또한 0과 1로 표현되는 소수에 의해 모든 정보들은 보호되고 있다. 수에 의해 모든 것은 정보화되고 있고, 수에 의해 정보와 정보가 구분되며 세상은 돌아가고 있다. 그만큼 우리의 삶은 수학에 기대고 있는 것이다.

그러나 아이러니하게도 보안체계에 관한 한 우리는 불완전한 수학에 의존하고 있다. 불완전하기에 사용하고 있는 것이다. 만약 인간이 소수의 모든 것을 파헤친다면 우리는 우리의 삶을 다시금 구축해야만 한다. 수학의 발전으로 많은 혜택을 누리고 있지만, 수학이 더 발전해버린다면 견고해 보이는 0과 1, 소수로 구축된 세계는 무너질 것이다.

소수는 여전히 수학의 큰 관심거리다. 거액의 상금과 함께 21세기에 풀려야 할 중요한 문제로 여겨지고 있다. 그렇기에 소수에 대한 도전은 끊임없이 이어질 것이다. 고로 〈스니커즈〉의 이야기는 아직 끝나지 않았고, 영화만의 이야기도 아니다. 어쩌면 이미 누군가가 영화와 같은 삶을 살며 세상을 은밀하게 다스려가고 있을지도 모른다.

네트워크 사회에 발맞춰가는 네트워크 수학

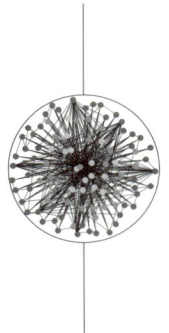

· 소셜 네트워크 ·

5억 명의 온라인 친구를 두었다. 전 세계 최연소 억만장자이다. 소셜 네트워크 혁명을 일군 하버드 천재다. 누구 이야기일까? 주인공은 바로 페이스북의 창업자인 마크 주커버그이다. 〈소셜 네트워크〉(2010)는 실존 인물의 실화를 바탕으로 만들어졌다. 마크 주커버그의 성공 이야기에 관심을 갖게 된 벤 메즈리치가 쓴 책 『우연한 억만장자(Accidental Billionaires)』가 원작이다. 제목을 보면 그의 성공이 치밀한 계획과 의도에 의한 것이 아니었음을 눈치챌 수 있다. 소셜 네트워크가 무엇이길래 일개 대학생이 억만장자가 되었을까?

  소셜 네트워크는 사회적 관계망 또는 연결망을 뜻한다. 사람들간의 관계를 엮어가면서 사회적인 네트워크를 구축해가는 것이다. 풀이 있어야 두 종이가 붙듯이 사람들간의 관계를 위해서도 뭔가가 필요하다. 특별히 온라인상에서 사람들 사이의 관계 형성을 도와주는 서비스를 Social Network Service, 간단히 SNS라고 한다. 대표적인 것이 트위터와 페이스북으로 이제는 사회 이슈나 여론을 다루는 곳이면 어디든 SNS를 이야기한다.

시대가 만들어낸 '우연한 억만장자'

"몇몇의 적을 만들지 않고는 5억 명의 친구를 만들 수 없다." 이 영화의 포스터 홍보 문구이다. 영화의 핵심을 잘 집약한 문장이다. 적이라는 단어는 5억 명의 화려함 이면에 숨겨진 비화를 암시하는 듯하다.

〈소셜 네트워크〉는 하버드 대학생인 마크 주커버그가 여자친구에게 차이면서 시작한다. 화가 난 그는 여자들의 외모를 비교하는 저질 사이트를 만들어 단번에 주목을 받는다. 물론 여자들에게 속물 취급을 받으며 따돌림을 받기도 한다. 그러다 하버드생들의 교류 사이트를 만들어달라는 윙클보스 형제의 부탁을 받는다. 그 일을 하던 주커버그는 자신의 아이디어를 덧붙여 '더페이스북'을 만드는데, 이것이 성공을 거두게 되고 '페이스북'으로 자리 잡는다. 아이디어를 도용당한 윙클보스 형제가 가만히 있을 리 없다. 그들은 주커버그를 상대로 법적 소송을 벌이게 된다. 영화는 그렇게 전개된다.

영화 말미에는 자막을 통해 윙클보스 형제가 6500만 달러에 합의했다고 밝힌다. 실제로 2008년에 주커버그와 윙클보스 형제는 현금 2000만 달러와 주식 4500만 달러, 총 6500만 달러(약 700억 원)에 합의하였다. 아이디어 도용을 인정한 셈이다. 아이디어 하나의 가치가 얼마나 대단한 것인가를 알 수 있다. 그런데 윙클보스 형제는 2011

년에 또다시 소송을 제기했다고 한다.⁶ 이전 소송에서 페이스북이 고의로 증거를 감췄다는 이유에서다. 합의금 6500만 달러로는 부족했나 보다.

수학, 관계를 다뤄라

페이스북은 이메일 계정 하나만 있으면 이용 가능하다. 페이스북을 통해 우리는 전 세계에 있는 어떤 이들과도 친구가 될 수 있다. 직접 만나지 않더라도, 쉽고 간편하게 관심사를 공유하며 일을 도모해갈 수 있다. 페이스북은 보고서를 통해 2012년 9월 14일 낮을 기점으로 하여 이용자수가 10억을 넘었다고 발표했다.⁷ 만들어진 지 8년 만의 일이다. 이용자 수가 10억 명이 넘는 곳은 구글과 페이스북뿐이다. 그만큼 기업의 덩치가 커졌다. 2011년의 순이익이 10억 달러로 제2의 닷컴 거품이라는 우려가 나올 정도다.

SNS의 보급으로 사람들간의 관계는 훨씬 촘촘해졌다. 직접적인 만남을 통해 형성되던 과거와는 비교할 수 없을 정도로 관계망은 복잡해졌으며 확장되었다. 시간과 공간의 제약이라는 제한을 뛰어넘는 SNS 덕분이다. 온라인 공간은 오프라인 공간과는 또 다른 활동공간으로 자리 잡고 있다.

0과 1을 통해 일상의 모든 것들은 정보화되어 가고 있고, 그 0과 1을 기반으로 하여 사람들의 관계까지도 새로운 모습으로 진화해가고 있다. 관계가 이렇듯 신속해지고 광범위해짐에 따라서 관계의 문제는 우리의 일상에서 중요한 관심사가 되었다. 사회적인 모든 일은 관계망을 통해서 이뤄지기 때문이다. 그렇다면 수학 역시 이런 생활의 변화에 걸맞은 대응을 해가야 한다. 수학이 관계를 어떻게 다뤄가고 있는지 살펴보자.

점과 선, 관계를 표현하다

관계를 어떻게 수학적으로 다룰 수 있을까? 그러려면 관계라는 걸 보일 수 있고, 만질 수 있게끔 구체화시켜야 한다. 관계를 적절한 방식으로 표현해야 한다. 이 문제와 관련해 선구적인 역할을 한 수학자는 오일러였다. 그 유명한 쾨니히스베르크의 다리문제를 통해서다.

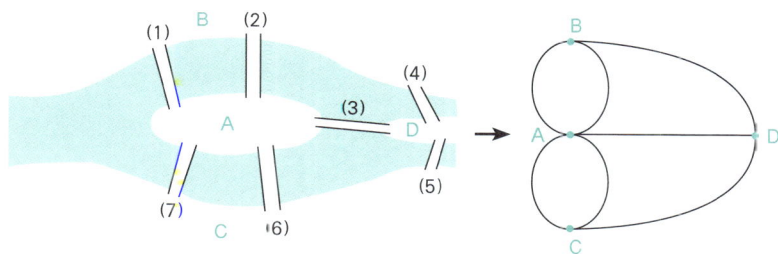

이 문제는 (1)번부터 (7)번까지 일곱 개의 다리를 한 번에 건널 수 있느냐의 여부를 확인하는 것이었다. 이 문제의 어려움은 문제를 풀어갈 적절한 방식을 찾는 데 있었다. 어떤 방식으로 이 문제를 접근해야 할지가 애매했다. 오일러는 간단하면서도 획기적인 아이디어를 선보였다.

그는 강을 기준으로 해서 지역을 점으로, 다리를 점과 점을 잇는 선으로 표현하였다. 그 결과 처음 문제는 오른쪽 그림과 같이 간결하면서도 확실한 문제로 바뀌어, 한붓 그리기 문제가 돼버렸다. 이런 전환을 통해 오일러는 일곱 개의 다리를 한 번에 건널 수 없다는 결론을 내렸다. 이후 이 방식은 그래프 이론으로 발전하게 된다.

오일러의 해법은 관계를 다루는 수학에 그대로 적용 가능하다. 사람은 점(노드)이 되고, 사람간의 관계는 선(링크)이 된다. 선이 그어져 있다는 것은 관계가 형성되었다는 것을 의미한다. 점과 선의 기하학적 요소가 관계를 멋지게 그려내고 있다. 이 방식을 통해 관계망을 그리고, 그 관계망에 대한 연구를 해나가면 된다.

여섯 단계면 누구든 연결될 수 있다

관계에 대한 분석에서 가장 널리 알려진 것으로 '여섯 단계의 분리'가 있다. 이것은 서로 알지 못하는 두 사람이라 하더라도 중간에 여섯 사람을 거치면 알게 된다는 것이다. 강원도 산골의 한 소년과 제주도의 해녀 할머니라고 해도 여섯 단계면 충분하다는 것이다. 국내뿐만 아니라 국제적인 관계에서도 마찬가지라고 한다. 그만큼 우리는 좁은 세상에서 살고 있다.

원래 이 개념은 헝가리의 작가였던 프리제시 커린티의 단편소설 모음집에서 처음 소개되었다. 과학적인 언어였다기보다는 문학적인 언어였다. 커린티는 1929년에 그의 46번째 책 『모든 것은 다르다』를 출판했는데, 그중 「연쇄」라는 제목의 글에서 다음과 같이 썼다.

"그룹 중 한 명이, 이 지구상에 사는 사람들이 그 어느 때보다 훨씬 가까워졌다는 것을 증명하기 위해서 하나의 실험을 제안했다. 그는 이 지구상의 15억 주민들 중 아무나 한 사람의 이름을 뽑았을 때, 다섯 명 이

하의 지인의 연쇄적인 친분관계를 통해 자신이 그에게 연결할 수 있다고 장담했다."

문학에서 이렇게 소개된 이 개념을 1967년에 하버드 대학 교수였던 스탠리 밀그램이 과학적으로 접근한다. 그는 미국 내 임의의 두 사람간의 거리를 알아보는 실험을 직접 실시했다. 그는 무작위로 선정된 사람들에게 편지를 보내서 연구에 참여해달라고 했다. 그 편지에는 특정인물에게 보내달라는 엽서가 함께 있었다. 그 인물을 알면 그에게 바로 보내고, 그 인물을 모르면 그 인물을 알 만한 다른 사람에게 보내달라고 했다. 다른 사람에게 보낼 때는 자기의 이름을 적어놓아 누구로부터 온 것인지를 알도록 했다.

이 실험을 하면서 밀그램은 실험이 제대로 될지 초조해했다고 한다. 그러나 며칠이 지나지 않아 목표인물에게 편지가 도달하기 시작했다. 더 놀라운 것은 단 두 명만을 거쳐 도달한 편지도 있었다는 것이다. 실험 결과 160개 중에서 42개가 도달했는데, 어떤 것은 12명을 거치기도 했다. 그러나 전체적으로 봤을 때 중간에 거친 사람 수의 중앙값은 5.5명이었다고 한다. 이것은 예상 외로 작은 수였다. 실험 전 어떤 이는 100단계를 말하기도 했었다. 이렇게 해서 여섯 단계의 분리는 공식적으로 확인되었다.

인터넷 웹 페이지 간의 거리에 대한 연구 결과도 있다. 1998년 말 노트르담 대학의 연구팀은 'nd.edu' 도메인에 속한 웹페이지들을 대상으로 조사를 했다. 서로 다른 두 페이지를 연결하기 위해서는 몇 단계가 필요한가를 조사해보니 대개 12클릭 정도가 필요하다는 결과가 나왔다. 그 결과를 바탕으로 그들은 1998년 말 웹 문서 전체로 실험을 확대했다. 당시 문서의 수는 8억 노드 정도였는데, 그들의 계산 결과 웹상에서 필요한 단계의 수는 19였다고 한다.[9]

여섯 단계의 분리가 사실이라면, 그리고 이것이 대부분의 사람들에게 적용된다면 이는 곧 지구상의 사람들이 하나의 커다란 네트워크를 이루고 있다는 말이다. 모든 것은 모든 것에 닿아 있는 것이다.

관계망의 샘플, 에르되시 넘버

관계망에 대한 연구는 세상이 의외로 좁다는 것을 보여준다. 세상은 우리가 생각하는 것보다 훨씬 조밀하게 얽혀 있다. 형성된 관계는 어떤 모습일까? 관계가 형성되는 과정이나 결과에도 일정한 규칙이라는 것이 존재할까? 이에 대한 답변을 찾아보기 위해서는 한 네트워크 안에서 이뤄지는 관계의 분포를 따져볼 필요가 있다. 이때 자주 언급되는 것이 에르되시 넘버(Erdös number)이다.

팔 에르되시는 20세기를 화려하게 수놓은 기인이라 할 만한 수학자였다. 그는 수학 신동이었다. 세 살 적에 세 자리 수를 암산했고, 네 살 때 음수를 발견했다고 한다. 그는 지칠 줄 모르고 수학을 탐구했는데, 특히 집도 가정도 없이 세상의 이곳저곳을 떠돌아다니며 수학문제에 대해 토론하기를 즐긴 것으로 유명하다. "My brain is open." 그는 동료를 찾아가 수학을 이야기하고 싶을 때 이렇게 말했다고 한다. 뇌가 작동 중이니 함께 작업하자는 의미였을 게다.

그는 1996년 83세로 생을 마감하기까지 수학만을 사랑하며 살았던 수학자였다. 70대가 되어서도 연간 50편의 논문을 발표해 수학이 젊은이들을 위한 학문이라는 명제가 잘못된 것임을 증명해 보였다. 만

년의 25년 동안에는 하루 19시간을 수학에 매달리기도 했다. 그는 수학이 아닌 것에는 별다른 관심이 없었고 성가셔했다. 사유재산마저도 귀찮은 것이라 여겼다. 그가 가장 소중하게 생각한 것은 그의 수학노트다. 그는 다른 사람들과 공동작업도 활발하게 했다.

그의 이름을 딴 에르되시 넘버란, 공저인 논문을 통해 에르되시와 몇 단계 만에 연결되느냐를 의미한다. 에르되시 1이면 에르되시와 직접 공저를 했다는 것이고, 에르되시 2이면 에르되시와 직접 공저한 사람과 공저를 했다는 뜻이다. 에르되시가 유명하기도 하고, 재미있기도 해서 에크되시 넘버는 학자들간의 관심사가 되었고 그 넘버를 줄이려는 노력마저도 있었다. 아인슈타인은 2, 노엄 촘스키는 4, 빌 게이츠도 4라는 에르도시 넘버를 갖고 있다.

네트워크 내의 관계는 평등하지 않다

사람은 관계를 맺으며 살아간다. 모든 사람들이 상황과 여건에 따라 그때그때 관계를 맺는다. 따라서 이 관계란 것이 무작위적으로 발생한다고 생각하기 쉽다. 실제 이렇게 생각한 유명한 사람들이 있었다. 에르되시가 다름 아닌 그런 사람이었다. 그는 레니라는 사람과의 1959년의 공동저작을 통해 네트워크를 무작위적인 과정으로 묘사하였다.

무작위적 세계에서 각 노드들은 대부분 비슷한 개수의 링크를 갖는다. 이 말은 대부분의 사람들이 아는 사람 수는 비슷하다는 뜻이다. 이런 분포에서는 사교성이 풍부해 엄청나게 많은 사람을 알고 있는 사람이나, 반대로 사교성이 없어 아는 사람이 거의 없는 사람은 극히 드물게 나타난다. 굉장히 평등주의적이고 민주적인 분포라 할 수 있다.

우리는 현실에서 통계를 많이 활용한다. 사람들의 키나 몸무게, 시험성적 등과 같이 특정주제를 잡아 관련 자료를 모은다. 그 결과 우리는 정규분포가 매우 일반적인 분포라는 걸 알게 되었다. 정규분포에서는 대부분의 통계 결과가 평균값을 전후로 한 부분에 집중되어 있고, 평균값으로부터 매우 낮거나 매우 높은 부분에는 분포가 별로 없다. 그래프로 그려보면 종 모양과 비슷하다고 해서 종형분포라고도 한다. 웩슬러가 시행한 사람들의 지능검사(IQ 테스트)가 좋은 예다.

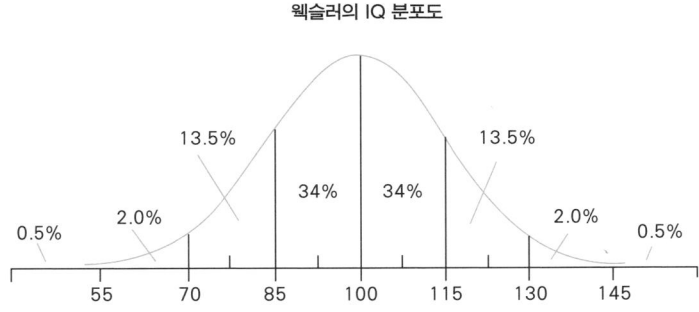

앞의 그래프를 보면 IQ의 평균은 100이다. 100을 전후로 한 부분에 대부분의 사람들이 속한다. IQ가 극히 좋거나 낮은 부분에 속한 사람들은 매우 적다. 영재라고 불리는 이들이 이런 경우에 속한다.

그런데 2000년 봄에 수학계의 관계망에 대한 조사를 한 팀이 있었다. 그들은 1991년에서 1998년에 출판된 논문을 통해 수학자들을 연결해봤다. 70975명의 수학자들 사이에서 200000개의 관계가 형성되어 있었다. 이 조사에서 놀라운 결과가 나타났다.

수학자들의 네트워크 분석 결과는 정규분포와 달랐다. 분포의 양상이 전혀 달랐다. 그래프로 보자면 네트워크의 링크는 정규분포가 아닌 멱함수(지수함수)분포를 이루고 있었다.

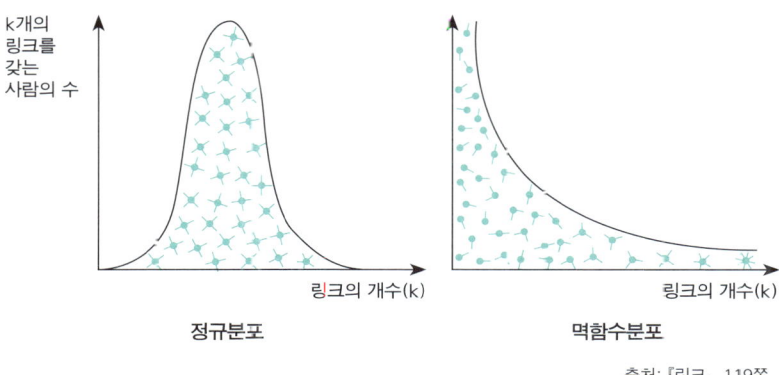

출처: 『링크』, 119쪽.

정규분포는 평균값이 존재하고, 평균값에서 멀어질수록 분포가 급격히 줄어든다. 그러나 멱함수분포는 다르다. 여기서는 평균값 같은 척도에 의미가 없다. 그리고 평균값보다 극히 작거나 극히 많은 경우가 정규분포보다 더 많이 존재하게 된다. 이는 쏠림 현상이 심한 비민주적인 분포다.

수학자 집단을 대상으로 한 실험에서 네트워크는 상당히 조밀했다. 긴밀하게 얽혀 있었다 학자들은 네트워크의 느슨함과 조밀함도 수를 통해서 표현한다. 클러스터링 계수가 그것이다 클러스터링 계수는 노드들 간의 가능한 링크의 수를 분모로 하고, 실제 형성된 링크 수를 분자로 하는 것이다. 5명이 있다고 하면 5명 간에 가능한 링크 수는 10개이다. 이는 오각형에서 두 점이 만나서 형성되는 변과 대각선의 개수와 같다. 그런데 실제로 형성된 링크 수가 5라고 하면 클러스터링 계수는 $\frac{5}{10}$, 즉 0.5가 된다. 1에 가까울수록 링크가 많은 것이고, 0에 가까울수록 링크가 작은 것이다. 무작위적 세계에서 클러스터링 계수는 매우 낮다.

수학자 집단의 클러스터링 계수는 어떻게 나왔을까? 이 집단이 무작위적 세계였다면 클러스터링 계수는 $\frac{1}{100000}$ 정도였을 거라고 한다. 그러나 실제 결과는 이보다 10000배나 높게 나왔다.[10] 네트워크 내의 관계라는 게 무작위적으로 아무렇게나 형성되는 게 아니라는 말이다.

소수에 집중되고 쏠리는 관계

네트워크 내의 관계가 무작위적인 것이 아니라는 것을 잘 보여주는 법칙이 80 대 20의 법칙으로 많이 알려진 파레토의 법칙이다. '이탈리아 인구의 20%가 이탈리아 부의 80%를 소유하고 있다'는 말에서처럼 소수가 대부분을 차지하게 된다는 것을 말한다. 80%의 완두콩이 20%의 콩깍지에서 생산되고, 기업 이윤의 80%는 20%의 직원으로부터 나오고, 의사결정의 80%는 20%의 사람들로부터 이뤄진다는 것 따위로 해석되고 있다.[11]

이 법칙에서 중요한 것은 80과 20의 수치보다도 그 수치가 나타내는 쏠림 현상이다. 대부분의 일들은 소수에 의해서 이뤄진다. 평등한 무작위적 세계에서는 있을 수 없는 일이다. 무작위적 세계라면 각 대상들이 하는 역할과 비중은 비슷해야 한다. 그러나 파레토의 법칙은 그렇지 않다는 것을 보여준다. 이는 네트워크 내에서의 관계라는 것이 멱함수분포를 따르기 때문이다. 이런 쏠림 현상을 보여주는 사례를 몇 개 보자.

벤포드의 법칙이란 것이 있다. 이는 물리학자 벤포드가 1983년에 이야기한 것으로, 특정 자료와 관련된 수에서 맨 앞에 등장하는 수의 확률과 관련된다. 경제지표나 전화번호, 심지어는 소수에서 맨 앞의 수는 1부터 9까지 골고루 분포된 것이 아니라, 1이 가장 높고 9로 향할수록 그 확률은 작아진다는 것이다. 다시 말해 1로 시작하는 수가 제일 많고, 9로 시작하는 수가 제일 작다.

벤포드의 법칙

첫 번째 수	1	2	3	4	5	6	7	8	9
확률(%)	30.1	17.6	12.5	9.7	7.9	6.7	5.8	5.1	4.6

한글의 자음과 모음이 얼마나 사용되는가에 대한 자료에도 쏠림 현상은 존재한다. 가장 많은 사용빈도를 보인 자음과 모음은 'ㅇ'(20.3%)과 'ㅏ'(21.5%)였다. 빈도가 높은 것 3개를 더하면 자음은 47.4%, 모음은 50.1%다.[12] 반대로 빈도가 낮은 것 3개를 더하면 자음은 2.17%, 모음은 2.22%다. 말 그대로 심하게 쏠려 있다.

순위	자음	빈도	백분율	순위	모음	빈도	백분율
1	ㅇ	9087252	0.2032	1	ㅏ	6446206	0.2145
2	ㄴ	6480010	0.1449	2	ㅣ	4831889	0.1608
3	ㄱ	5786126	0.1294	3	ㅡ	3760640	0.1251
4	ㄹ	4676606	0.1046	4	ㅓ	3336949	0.1110

소수(少數)에로의

쏠림 현상은

자연스러운 현상일까?

5	ㅅ	4672190	0.1045	5	ㅗ	2928711	0.0975
6	ㄷ	3256155	0.0728	6	ㅜ	2375251	0.0790
7	ㅈ	2676114	0.0598	7	ㅓ	1540806	0.0513
8	ㅁ	2293480	0.0513	8	ㅐ	1394832	0.0464
9	ㅎ	2276447	0.0509	9	ㅔ	1286108	0.0428
10	ㅂ	1859263	0.0416	10	ㅡ	607145	0.0202
11	ㅊ	698837	0.0156	11	ㅘ	544377	0.0181
12	ㅌ	429463	0.0096	12	ㅙ	330639	0.0110
13	ㅍ	387597	0.0087	13	ㅛ	297720	0.0099
14	ㅋ	151206	0.0034	14	ㅑ	214347	0.0071
				15	ㅠ	156578	0.0052
합계		44730746	1.0000	합계		30052198	1.0000

표본자소 : 74782944, 자음(59.81%) 모음(40.19%)

쏠려 있는 관계는 자연스러운가?

파레토의 법칙을 한 마디로 '빈익빈 부익부'라고 요약할 수 있다. 가진 자는 더 갖게 되고, 못 가진 자는 더 못 가지게 된다. 관계망에서 한 개체가 차지하는 역할은 개체에 따라 심하게 달라진다. 어떤 개체는 극히 미약한 비중을, 어떤 개체는 막대한 비중을 차지한다. 이는 경제적으로 양극화가 심화되고 있는 지구촌의 사회현상과 너무 잘 맞아떨어진다.

이제 세상은 컴퓨터화된 시스템을 통해 긴밀한 관계망으로 연결되어 있다. 지구촌이 거대한 하나의 네트워크로 변하고 있다. 파레토의 법칙과 멱함수분포라는 것이 정말 네트워크 내의 관계를 적절하게 표현해주는 법칙이라면, 부의 쏠림 현상과 양극화는 자연스러운 현상이라고 말할 수도 있다. 그렇다면 우리는 이러한 사실을 자연스럽게 받아들여야 할까? 소수에로의 쏠림 현상은 친자연적인 현상일까?

우리는 분명 거대한 네트워크의 세상에서 살고 있다. 예전의 사회에 비하면 그 규모는 엄청나다. 여기에는 파레토의 법칙과 같은 일정한 법칙이 있을 수 있다. 하지만 이에 대해서 해석을 잘 해야 할 것이다. 역사적으로 보면 이런 네트워크의 구축은 굉장히 이례적이다. 이런 관계 자체가 자연스럽지 않은 것일 수도 있다. 네트워크의 규모가 달라짐에 따라 그 구체적인 모습은 어떻게 변하는지를 살펴볼 필요가 있다. 게다가 세상을 네트워크로서 바라보고 접근하는 연구는 이제 시작에 불과하다.

차원이 다른 수학

• 인셉션 •

영화는 상상을 현실이 되게 해준다. 하찮다고 여겨질 수도 있는 상상은 영화를 통해 현실화됨으로써 나름대로의 의미를 부여받는다. 그러면서 우리의 현실적 공간은 넓어진다. 이렇듯 상상은 현실을 달리 보게 하면서, 현실을 달라지게 한다. 현실에 대한 우리의 일상적인 판단마저 재고하게 만들어준다. 아닌 것 같지만 수학도 이런 상상의 세계에 얼마든지 유용하게 쓰일 수 있다.

〈인셉션〉(2010)은 생각과 꿈에 관한 이야기다. 주인공 코브는 추출사다. 드림 머신이라는 기계를 통해 다른 사람의 꿈에 들어가, 그 꿈 속에서 그가 필요로 하는 정보를 추출해내는 사람이다. 이 직업 역시 쉽지는 않다. 남의 꿈에 들어가 함부로 행패 부리다가는 그 사람의 방어의식을 자극할 수도 있고, 그 사람이 꿈이라는 걸 알아채면서 꿈에서 깰 수도 있기 때문이다. 그 사람이 꿈에 깊이 빠져들게 하면서 자연스럽게 정보를 추출해야 한다. 코브는 이 방면의 전문가다.

어느 날 코브는 한 기업가로부터 더 어려운 임무를 부탁받는다. 꿈을 통해 정보를 빼내는 게 아니라 어떤 생각을 주입시켜 달라는 것이다. 이 기업가는 경쟁기업의 후계자인 피셔가 아버지로부터 물려받은 기업을 쪼개기를 원했기에, 그렇게 부탁한 것이다. 자신의 억울한 누명을 벗도록 도와 자식들을 만나게 해주겠다는 말에 코브는 그 임무를 맡는다.

코브는 피셔가 자기 스스로 그런 생각을 했다고 확신하도록 기가 막힌 전략을 짠다. 그는 3단계의 꿈을 설계한다. 현실에서 꿈을 꾸고, 그 꿈에서 또 꿈을 꾸고, 그 꿈에서 또 꿈을 꾸게 한다. 그리고 마지막 꿈에서 그 생각을 주입하려 한다. 이렇게 깊은 내면에서 그 생각을 품도록 그는 움직이기 시작한다.

꿈과 생각, 또 다른 세계

생각이나 꿈은 여전히 인간에게 신비한 영역으로 남아 있다. 현실세계에서 우리는 자기 맘대로 할 수 없다. 특정한 조건이나 한계 내에서만 뭔가를 할 수 있다. 그러나 생각과 꿈의 세계는 다르다. 얼마든지 다양한 모습으로 변신할 수 있고, 빛보다 더 빠른 속도로 이동할 수 있다. 현실에서의 고정된 모습과 엄격한 질서를 얼마든지 뒤틀고 휘어지게 할 수 있다. 〈인셉션〉은 꿈을 깊은 무의식의 표현으로 보면서 꿈에 관한 몇 가지 사실들을 이야기한다.

현실에서는 물질적인 존재들이 활동의 주역이고, 그것들은 물리적인 법칙에 의해서 움직인다. 마음은 보조적인 활동을 할 뿐이다. 그러나 꿈 속에서는 우리의 마음이 깨어나 활개를 펼친다. 마음은 꿈이라는 공간을 마음껏 창조하며 꿈을 설계하면서 적극적으로 개입한다. 마음의 그런 활동으로 인해 현실에서의 5분은 꿈에서 한 시간 정도로 길게 느껴지기도 한다.

꿈이 그저 시각적인 것에 불과하다는 일반적인 생각도 언급된다. 그러면서 꿈은 본 것만으로 전부 채워지는 게 아니라 느낌이라고 말한다. 느낌과 마음의 창조적인 활동에 의해 얼마든지 다양한 공간이 무대로 가능하다는 것이다. 그래서 코브 팀에는 꿈의 무대 설계를 전담하는 일원도 있다. 그녀의 임무는 현실적인 것처럼 보이되 비현실적인, 마치 미로와도 같은 그런 무대를 설계하는 것이다. 그래서 꿈 속에서 활동하고 있는 다른 팀원들에게 임무 완수를 위한 시간을 벌어주는 것이다. 이때 펜로즈의 이름이 언급된다.

불가능한 도형

로저 펜로즈는 물리학자이자 수학자로, 1950년대에 펜로즈의 삼각형을 고안한 것으로 유명하다. 이 삼각형은 평면에서는 문제가 없는 삼각형이다. 하지만 공간에서는 불가능한 삼각형이다. 이 삼각형에서 하나의 꼭지점과 그 꼭지점에서 만난 두 개의 변간을 보자. 여기에서 두 변은 직각으로 만나고 있다. 모든 꼭지점에서 그렇다. 그러나 이 삼각형을 공간상에서 만들어내는 것은 불가능하다. 평면에서는 그럴 듯해 보이지만 그것은 일종의 시각적 착시다. 이런 모순은 사각형 이상의 다각형으로 확대시킬 수 있다.

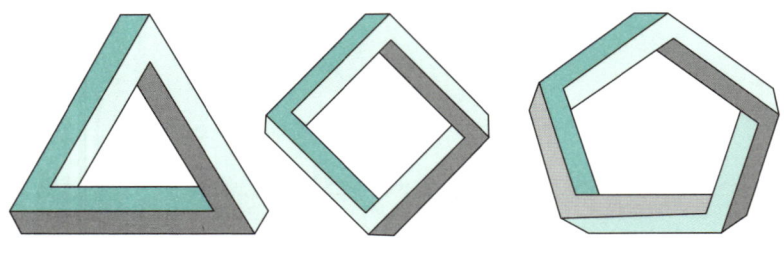

펜로즈 다각형

펜로즈의 재미난 발상은 이전의 에셔라는 판화가로부터 시작된 것이었다. 에셔는 네덜란드의 판화가로 〈대칭 45(Symmetry Work 45)〉(1941), 〈손을 그리는 손(Drawing Hands)〉(1948) 〈뫼비우스의 띠 Ⅱ(Möbius Strip Ⅱ)〉(1963)와 같은 작품으로 유명하다. 그는 테셀레이션의 대가였으며, 초현실적인 공간을 시각적으로 현실감 있게 보여준 매우 독특한 예술가였다. 〈인셉션〉에서는 그의 작품 중 하나인 〈올라가기와 내려가기(Ascending and Descending)〉(1960)에 나오는 계단을 화면에 그대로 옮겨 보여준다.

코브 팀원들은 꿈 속에서 대화를 나누며 다음과 같은 계단을 걸어 올라간다. 그 계단은 전혀 문제가 없는 것처럼 보인다. 그러나 정말

이 계단에 문제가 없다면 모순이 발생한다. 계속 걸어 올라가면 처음의 출발 위치로 돌아오게 된다. 계속 올라가되 다시 돌아오는 이상한 계단이 되는 것이다.

계단에는 문제가 있었다. 다른 각도에서 이 계단을 잡자 계단의 실상이 그대로 드러난다. 계속 올라갈 수 있을 것 같던 계단은 더 이상 올라갈 수 없는 끊어진 계단이었다. 고로 계속 올라갈 수도 없고, 처음의 위치로 돌아가는 것도 불가능하다.

기묘한 공간의 세계

이상한 공간을 다룬 에셔의 작품은 또 등장한다. 에셔는 중력의 방향이 다른 공간들이 교묘하게 공존하고 있는 공간에 대한 작품들을 많이 남겼다. 〈중력(Gravitation)〉(1952), 〈다른 세계(Another World)〉(1947), 〈높고 낮음(High and Low)〉(1947)이 그 예이다. 영화에서는 꿈 설계사가 직선처럼 쭉 뻗어 있던 공간을 접어 맞붙이는 장면이 나온다. 결국 공간과 공간은 90도가 되기도 하고, 아예 180도가 되기도 한다. 180도가 된다는 것은 뒤집힌 것으로, 사람으로 치면 머리와 머리가 거꾸

로 맞닿아 있는 형국이 된 것이다.

꿈과 생각이란 세계는 현실의 물리적 세계와 달라 신기하고 재미있는 건지 모른다. 흔히 현실은 3차원, 꿈은 4차원이라고 한다. 〈인셉션〉에서는 꿈에서마저도 꿈 속의 또 다른 꿈과 같이 다른 차원이 존재하게 된다. 차원이 높아질수록 낮은 차원에서 불가능했던 일들은 쉽고 자연스럽게 가능해진다.

우리는 일상생활에서 차원이란 말을 매우 자주 사용한다. 수준, 실력, 깊이가 현저히 다를 때 '차원이 다르다'고 한다. 그런데 알고 보면 차원이란 말은 철저히 수학적이다. 보통 점은 0차원, 선은 1차원, 평면은 2차원, 공간은 3차원이라고 한다. 이런 차이를 수학적으로 좀더 엄밀하게 구분해보자.

차원의 수학적 정의

차원을 따질 때는 점과 점의 관계를 따진다. 기하학의 세계는 점에서 출발한다. 몇 차원의 세계인가를 따진다는 것은 임의의 한 점으로부터 다른 점의 위치를 파악할 때 몇 개의 기준(축)이 필요한가를 따지는 것이다. 이 축에서는 마음대로 움직일 수 있어서, 이 축 위의 모든 점을 만날 수 있다. 몇 차원인가의 문제는 한 점에서 다른 점으로 이동하려면 몇 개의 기준(축)이 필요한가의 문제와 같다. 직선에 속한 점을 생각해보자.

직선에서 점 B를 중심으로 할 때 점 A와 점 C는 옆으로간 이동하면 만날 수 있다. 이동하는 축 하나면 위치가 정확하게 파악된다. 직선 위의 모든 점이 마찬가지다. 그래서 직선은 1차원이다. 축이 하나면 모든 점을 만날 수 있다.

그러나 평면은 하나의 축만으로 모든 점의 위치를 파악할 수 없다.

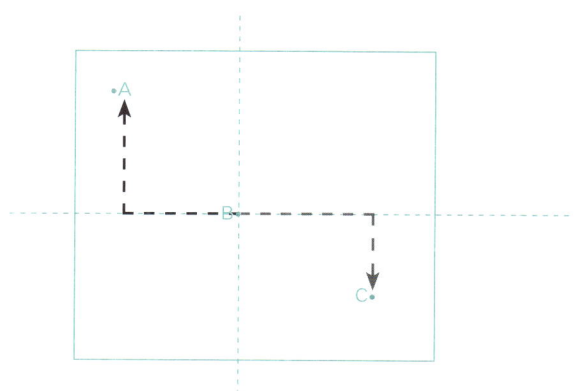

평면에서 점 B를 중심으로 할 때 축 하나만으로는 점 C를 만날 수 없다. 하나의 축을 따라 이동한 후 전혀 다른 또 하나의 축을 따라 이동해야 한다. 즉, 두 개의 축이 있어야 점 C의 위치가 파악된다. 평면 위에 있는 다른 점들도 마찬가지다. 그래서 평면은 2차원이다. 그런 원리에 의해서 공간은 세 개의 축이 있어야 하므로 3차원이 된다.

이런 사정은 평평한 공간이 아닌 휘어진 공간에 대해서도 성립한다. 직선이 아닌 원을 생각해보자. 원 위의 점들은 몇 차원일까? 비록 휘어졌지만 원 위의 모든 점들은 한 점을 중심으로 옆으로 이동하기만 하면 만날 수 있다. 그래서 원도 1차원이다. 마찬가지로 지구 표면 같은 곡면은 2차원이다. 지구상의 모든 점들이 경도와 위도 두 개만으로 표현되는 것을 보면 구면이 2차원임을 확인할 수 있다.

수학, 경험에 더해진 또 하나의 차원

차원을 달리한다는 것은 전혀 다른 관점과 시각을 추가한다는 것이다. 그렇듯 차원을 달리하고, 차원을 높이면 그 이전의 한계와 제약을 가뿐히 넘을 수 있다. 그리고 우리는 대상에 관한 새롭고도 엄밀한 정보를 얻게 된다.

수학을 포함하여, 학문을 한다는 것도 삶을 보는 새로운 차원을 갖는 것과 같다. 우리는 세상을 감각적으로 경험하면서 이해해간다. 하지만 경험만으로 얻어진 이해에는 한계가 있다. 경험에 따라 세상은 달리 보일 수 있고, 다른 세상으로 그려질 수 있다. 1차원적인 이해에 가깝다. 불확실하고 불명확한 이해를 보완하기 위해서는 또 다른 차원이 필요하다. 학문이란 것은 경험 위에 사고라는 또 하나의 축을 더

하는 것과 같다.

　수학은 사고 중에서 논리를 특히 강조한다. 수학에서 중요한 것은 논리적인 일관성이다. 논리적으로 모순만 없다면 수학에서는 얼마든지 이야기가 가능하다. 경험적 결론은 중요하지 않다. 오히려 갈수록 경험과 수학은 관련성이 없어지고 있다.

　집합과 명제는 논리적이고 이론적인 수학의 토대가 되는 것들이다. 집합이란 대상들을 묶어 공통된 성질을 파악하는 것이다. 서울, 제주도, 독도, 부산은 대한민국이란 집합으로 묶일 수 있다. 집합은 이렇듯 대상에 파묻혀 있어서는 안 되고, 대상을 벗어나서 논리라는 차원으로 바라봐야 한다.

　명제는 참과 거짓을 구별할 수 있는 문장을 뜻한다. 3+3=6은 참인 명제, 3-3=1은 거짓인 명제다. 명제가 아닌 것은 수학에서 다루지 않는다. 그리고 참인 명제는 또 다른 명제를 만들어 간다. 3+3=6이기에 3×2=6이 된다. 논리라는 차원을 따라서 수학의 이야기는 전개된다. 수학에서 증명이 중요시되는 것은 논리라는 차원이 일관되게 적용되고 있는가를 확인해야 하기 때문이다. 차원을 달리하는 방법은 구체적인 수학문제를 해결하는 데에도 적용된다.

논리적 모순

낙서금지

벽에 낙서하지 말라는 뜻으로, 이렇게 쓰여 있는 담벼락을 간혹 본다. 대부분의 사람들에게 이 경고(?)는 매우 효과가 있다. 주인이 낙서하는 것에 화가 나서 경고하는 것이로구나 생각할 테니까. 이에 따라 낙서를 하지 않거나, 하더라도 조심조심 하면서 재빨리 도망칠 것이다.

그러나 이걸 본 수학자는 고민에 빠진다. 낙서를 하라는 것인지 말라는 것인지 헷갈리기 때문이다. 이 메시지는 벽에 아무것도 쓰지 말라는 것인데, 주인 스스로가 그걸 어기고 있다. 주인 스스로 '낙서금지'라는 낙서를 쓴 꼴이 되지 않았는가? 따라서 낙서를 해도 된다는 것인가 하고 헷갈리는 것이다.

다음의 명제 가운데 틀린 것 세 개를 고르시오.
1) 1+2=3   2) 서울은 미국의 수도다.   3) $\emptyset \subset \{\emptyset\}$
4) 평면에서 삼각형의 내각의 합은 180도이다.
5) 3+4×2=10

문제가 지시하는 것처럼 틀린 것 세 개를 골라보라. 아무리 찾아봐도 틀린 것은 두 개다. 2)번과 5)번. 서울은 대한민국의 수도이고, 3+4×2는 4×2를 먼저 계산해야 하므로 11이기 때문이다. 그러나 문제에서는 틀린 것 세 개를 고르라고 했다. 문제가 잘못된 것일까? 어떻게 보느냐에 따라서 이 문제는 제대로 된 문제일 수 있다. 틀린 것은 두 개밖에 없는데, 세 개를 고르라고 했으니 문제 자체가 틀린 것까지 포함하여 틀린 것은 세 개가 된다.

앞의 두 가지 경우에서 발생하는 문제점에는 공통점이 있다. 한 문장이 자신을 포함하는 경우 문제가 발생하거나 문제가 해결되는 것이다. 낙서금지라는 글귀는 그 자체를 포함할 때 모순이 발생하고, 틀린 것 세 개를 고르라는 문제는 자신을 포함해야 문제가 해결된다. 이처럼 수학에서는 어떤 명제가 자기 자신을 포함하는 경우 논리적 모순이 발생하기도 한다. 세비야의 이발사 이야기는 이 문제를 가장 잘 보여주고 있다.

1902년 독일의 논리학자인 프레게에게 철학자 버트런드 러셀이 편지를 보냈다. 편지에는 세비야의 이발사 이야기가 실려 있었다. 편지를 읽고 프레게는 그가 막 출판하려던 책『산술의 기초』말미에 다음과 같은 문장을 첨가해야만 했다.

"과학자는 어떤 연구를 막 이루었을 때, 그가 공들여 이룬 연구의 기반을 무너뜨리는 매우 유감스러운 사실에 직면하는 수가 있다. 나 자신이 그러한 처지에 놓여 있음을 버트런드 러셀 씨의 편지를 받고서야 알게 되었다. …"[25]

그는 러셀의 편지로 말미암아 그의 연구가 치명타를 입었음을 고백하고 있다. 어떤 사연이 있었던 것일까? 세비야의 이발사 이야기는 다음과 같다.

"나는 스스로 면도하지 않는 세비야의 모든 사람들만을 면도합니다."
정말 그렇다면, 이발사의 면도는 누가 해줘야 하는 것일까?

프레게는 수학의 기초를 세우는 집합이론을 완성했다고 생각했다. 그러나 세비야의 이발사 이야기에서는 자신을 포함할 경우 모순이 발생한다. 자신이 자신을 면도하면 스스로 면도하지 않는 사람만을 면도해준다는 것에 위배되고, 자신을 면도하지 않는다면 그렇기에 그런

차원이 다른 수학

사람을 면도해줘야 하는 모순이 발생한다. 러셀의 편지는 프레게에게 집합론의 모순을 보여준 것이었다. 이로 인해 집합론의 위기가 찾아오게 된다. 집합론의 위기를 어떻게 극복할 수 있을까? 방법 중 하나가 차원의 개념을 이용하는 것이었다.

집합론의 위기는 정의된 집합에 자기 자신을 포함할 경우 발생했다. 고로 해결책은 정의된 집합의 대상을 한정하는 것이었다. 정의된 집합의 대상에서 자기 자신을 제외하면 그런 모순은 발생하지 않는다. 집합에도 차원이란 것이 있다. 어떤 대상들을 묶어 새로운 집합을 만들 경우 새로운 집합은 기존의 대상과는 다른 차원이 되므로 원래 집합의 원소가 될 수 없다고 하는 것이다.

무한 차원도 가능하다

집합은 마음대로 정의될 수 있다. 집합 자체가 또 다른 집합의 원소가 될 수 있다. 그런 식이면 집합에서 차원이란 무한히 존재하며 새로운 차원의 집합을 얼마든지 만들어낼 수 있다. 집합에서 차원이 무한히 증가할 수 있는 것처럼 앞에서 봤던 공간적인 차원도 무한히 증가할 수 있을까?

우리가 사는 세계는 3차원이다. 3차원이면 모든 점의 위치와 관계는 파악된다. 더 이상의 차원이 불필요하다. 따라서 우리가 살아가는 물리적 세계는 3차원으로 끝이다. 이런 특징은 4차원 이상의 세계에 대한 사유를 가로막았다. 4차원 이상의 세계는 물리적으로 별 의미가 없고 상상이 불가능하므로, 수학의 입장에서도 4차원 이상은 필요치 않았다. 3차원으로 차원의 세계는 한정되어 있었다. 그러나 이런 제한은 19세기의 저명한 수학자인 리만에 의해 풀리게 되었다.

리만은 우선 물리적 세계와 수학적 세계를 구분하였다. 그러고는 물리적 세계와는 상관없이 수학적 세계의 이야기를 전개해갔다. 그런 그였기에 물리적 세계를 따라 수학적 세계의 차원이 3차원으로 한정되는 것은 문제가 있는 것으로 보였다. 축을 늘려 4차원 이상의 차원도 얼마든지 가능하다는 것이 그의 주장이었다. 공간은 임의의 차원을 가질 수 있어서 심지어는 무한 차원까지도 가능하다고 했다. 그럼으로써 기하학의 혁명이 도래하게 되었다.

고대 그리스 수학자 유클리드는 평면상에서의 기하학을 구축했다. 그의 기하학은 오랫동안 기하학의 모든 것이었다. 그러다 평면이 아닌 면 위에서의 기하학인 비유클리드 기하학이 나란히 자리 잡게 되었다. 리만은 이러한 기하학들을 공간의 휘어진 정도에 따른 기하학으로 통합해버렸다. 그리고 차원마저도 물리적 세계와는 상관없이 무한까지 확대시켜버렸다. 이제 공간의 기하학은 다양한 정도의 휘어짐과 차원을 기반으로 한 다양한 기하학으로 변모했다. 그럼으로써 수학의 영역 역시 자유롭게 무한히 확대되었다. 그런 수학을 통해 우리는 세상을 무한 차원까지 자유롭게 상상할 수 있게 됐고, 그런 상상은 현실을 보다 맛있고 풍성하게 해주고 있다.

문명이 묻고
수학이 답해온 이야기

· 문명과 수학 ·

    수학을 공부하다 보면 옛날 사람들은 어쩌다가 수학을 만들고, 어떤 식으로 수학문제를 풀었을까 하고 궁금해질 때가 있다. 책을 보는 것만으로는 상상이 되지 않고, 그런 현장을 옆에서 몰래 보고 싶어질 때가 있다. 책을 통한 지식, 영화를 통한 상상이 아니라 있는 그대로의 모습을 원하게 된다. 그럴 수만 있다면 수학을 왜 만들어냈냐고 푸념하는 학생들을 모두 데리고 가서 직접 보여줄 수 있을 텐데 말이다. 이런 아쉬움을 달랠 수 있는 국산 다큐멘터리가 〈문명과 수학〉이다. 한국의 EBS에서 제작하여 2011년 12월에 5부작으로 방영되었다.

    〈문명과 수학〉은 제목처럼 문명의 흐름과 수학의 관계에 초점을 맞췄다. 고대로부터 현대, 동양에서 서양에 이르기까지, 문명을 중심으로 이야기를 풀어나감으로써 누구나 쉽게 수학을 접근할 수 있도록 구성했다. 어떤 수학문제가 있었고 어떻게 풀어 나갔는가보다는, 왜 수학이 만들어졌는가 근본적인 질문을 던진다. 더불어 수학을 문명의 품 안으로 끌어안아 수학이 외계의 이상한 언어가 아니라 인류의 수많은 언어 중의 하나임을 말해준다.

수학이 보이는 유물들

이 다큐의 가장 큰 매력은 수학사의 중요한 역사적 장면을 생생하게 보여준다는 것이다. 수학의 역사에서 자주 언급되는 유물이나 유적을 직접 보여주며 현지인들의 말, 옷, 환경을 통해 당시의 상황을 직접 재연해준다.

아메스 파피루스는 그렇게 공개된 가장 대표적인 것이다. 기원전 1650년경 이집트의 서기관인 아메스가 견습생들이 배워야 할 수학문제를 기록한 이것은 세계에서 가장 오래된 수학문제집이라 불린다. 영국의 대영박물관에 전시되어 있는데, 제작진은 촬영을 위해 1년을 기다렸다고 한다. 그런 기다림이 있었기에 파피루스가 공개되는 순간은 정말 감동적이다.

이것 말고도 메소포타미아인들의 점토판과 그들이 흙을 구워 수를 세는 데 사용한 칼쿨리, 그리스 국립도서관에 보관된 유클리드의 『원론』과 그 안에 기록된 피타고라스의 정리, 세계 최초의 0이 기록된 인도의 사원, 뉴턴의 책 『프린키피아』의 친필 원고, 라이프니츠가 고안한 계산기와 그의 친필 원고 등도 공개된다.

수학자들과 관련된 소소한 것들도 있다. 데카르트가 자라나고 성장한 그의 생가와 그가 공부했다는 책, 그의 유골의 복제품도 흥미롭다.

뉴턴 하면 전설처럼 언급되는 사과나무도 볼 수 있는데, 이 나무는 엘리자베스 즉위 50주년을 맞이하여 영국에서 가장 유명한 나무 중 하나로 선정되었다고 한다. 페르마의 마지막 정리의 장본인인 페르마가 근무했던 시청, 그가 들고 다니며 공부했다던 『산술(Arithmetica)』, 앤드루 와일즈가 페르마의 마지막 정리를 처음 만난 도서관, 그가 증명을 들고 나타나 강의를 한 케임브리지 대학의 강의실, 오일러로 하여금 한붓그리기 문제를 만들어내게 한 쾨니히스베르크의 다리 등도 화면에 담았다.

수와 계산, 어떻게 시작됐을까?

고대인들의 수학적 해법도 소개된다. '수는 왜 만들어졌을까?' 많은 학생들이 수학을 배우면서 원망스럽게 내뱉는 질문이다. 수로부터 수학이 만들어졌기 때문이다.

수를 탄생시킨 물음은 '크기나 양을 어떻게 파악해야 하는가'였다. 그리하여 수와 계산이 등장한다. 해법은 돌멩이였다. 돌멩이를 이용해 세고 계산까지 했다. 다큐는 이 집트인들이 돌멩이를 이용해 4×5를 쉽게 한 방법을 소개한다.

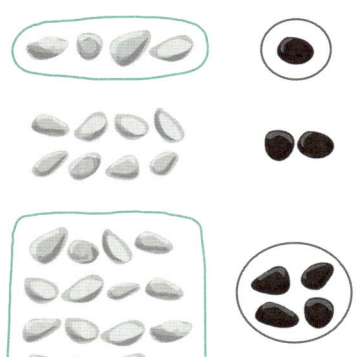

먼저 4개의 흰 돌을 가지런히 놓고 그 옆에 검은 돌 하나를 놓는다. 다음은 4개 흰 돌 두 줄을 놓고 검은 돌 2개, 또 4개의 흰 돌 네 줄을 놓고 검은 돌 4개를 놓는다.

그러고는 검은 돌 1개와 4개를 모아 검은 돌 5개를 만든다. 그다음 그에 해당하는 흰 돌 개수를 세면 그것이 4×5인 20이 된다. 덧셈을 통한 곱셈법이다.

지구와 태양 사이의 거리는 얼마나 될까?

우리의 선조들은 하늘에 대해서도 궁금해했다. 하늘을 신기해하고 숭상하기도 했지만, 수학을 통해 하늘의 구체적인 모습을 가늠해보기도 했다. 다큐에서 소개한 한 예로 인도인이 삼각법을 이용하여 지구와 태양 사이의 거리를 알아낸 방법을 살펴보자.

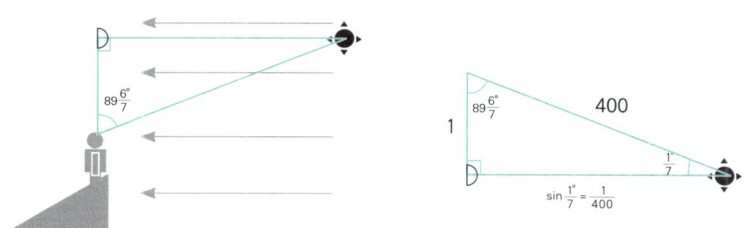

왼쪽 그림은 실제 측량법을 나타낸 것이다. 하늘에 태양과 반달이 뜰 때 지구 위에 있는 관찰자가 태양과 달 사이의 각을 측량한다. 그랬더니 89하고도 $\frac{6}{7}$도였다. 이는 태양을 중심으로 할 경우 달과 지구 사이의 각도가 $\frac{1}{7}$도가 된다는 이야기였다. 인도인들은 $\frac{1}{7}$도에 대한 사인값인 $\frac{1}{400}$을 알고 있었다. 이걸 이용해서 그들은 지구에서 태양까지의 거리가 지구에서 달까지 거리의 400배임을 알아냈다.

여기서 달이 반달이 될 때 달을 중심으로 지구와 태양이 직각을 이룬다는 사실을 이해해야 한다. 태양빛은 화살표처럼 평행하게 비추므로 반달로 보인다는 것은 달을 중심으로 지구와 태양이 직각을 이루게 되는 것이다. 신기한 건 이 방법이 기원전 280년경 고대 그리스 수학자인 아리스타쿠스가 실시한 방법과 똑같다는 것이다. 다른 것은 결과인데, 아리스타쿠스는 18~20배 정도라고 했다. 이는 실측 과정에서의 오차에 기인한 것이다. 그의 측정값은 87도였다.

어떤 경로가 가장 빠를까?

수학을 탄생시킨 것은 이와 같은 질문이었다. 질문의 양상은 참으로 다양했다. 아주 보편적인 것도 있었고, 특수한 것도 있었다. 누구나가 던져본 질문도 있었고, 어쩌다가 우연히 던져진 것도 있었고, 수학자가 아니면 할 수 없는 그런 질문도 있었다. 〈문명과 수학〉은 수학자에 의해 독특하게 제기되어 수학에서 빠질 수 없는 이야기가 된 그런 문제를 소개한다.

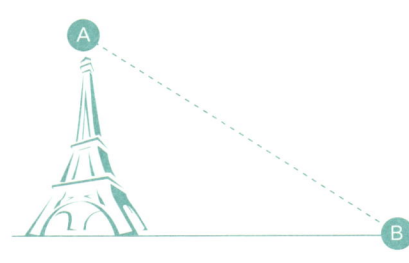

평면에 수직으로 서 있는 두 위치 A, B가 주어졌다고 하자. 높은 위치 A에서 떨어지기 시작하여 낮은 위치 B에 도착하는 동점을 생각하자. 이 동점이 A에서 B까지 움직이는 데 걸리는 시간이 가장 짧으려면, 동점은 어떠한 경로를 따라서 떨어져야 하는가?

이 문제에는 조건이 하나 있다. 이 물체에 작용하는 힘은 중력뿐이라는 것이다. 바람이라든가, 스스로 더 힘을 가한다든가 하는 다른 요인은 전혀 없다.

이 문제는 요한 베르누이가 유럽의 내로라하는 수학자들을 상대로 해서 1696년에 낸 것이다. 뉴턴과 라이프니츠 간에 미적분 우선권 논쟁이 한창일 때였다. 라이프니츠를 지지하던 그는 이 문제를 통해 뉴턴이 미분을 알고 있는가를 확인해볼 심산이었다. 베르누이의 의중을 읽은 뉴턴은 몇 시간 만에 문제를 풀어버렸다. 답은 사이클로이드 곡선이었다.

사이클로이드 곡선은 자전거가 굴러갈 때 바퀴의 한 점이 반복해서 그리는 궤적을 말한다. 1599년경 갈릴레이가 처음 붙인 이 명칭은 바퀴를 뜻하는 그리스어로부터 유래했다. 갈릴레이는 이 곡선을 발견하고 나서 이 곡선과 x축에 둘러싸인 부분의 넓이를 구해보려고 했다. 그러나 그 값을 수학적으로 계산할 수 없었다. 그럼에도 그걸 꼭 알아보고 싶었는지 아주 감각적인 방법을 동원한다. 그는 종이에 이 곡선을 그린 다음 그 종이를 잘라서 무게를 달아보고 그 부분의 넓이가 원의 넓이의 세 배가 조금 안 되는 것을 발견했다. 그 이상의 연구를 하지는 않았지만 아치를 이런 모양으로 만들자고 제안하기도 했다.

이후 사이클로이드는 많은 수학자들의 관심사가 되었다. 이 연구와

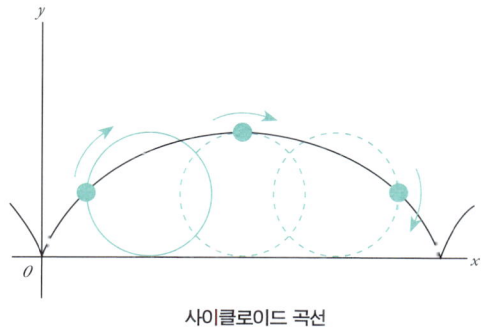

사이클로이드 곡선

관련하여 유명한 사람 중에 파스칼이 있다. 그는 천재적인 수학자였지만, 신앙과 이성 사이에 갈등하면서 수학에 전력하지 않았다. 1658년 어느 날 그는 통증이 심해 잠을 못 이루다가 사이클로이드에 대한 생각을 했다. 그러자 신기하게도 통증이 멈췄다. 그는 이걸 신의 계시로 받아들이고 사이클로이드를 연구했다. 비록 8일이라는 짧은 기간이었지만, 이 기간의 연구로 사이클로이드에 대한 많은 것들을 밝혀냈다. 천재는 역시 천재였다.

수학의 미인, 불화의 사과

사이클로이드에는 '수학의 미인'이라는 별명이 있다. 이 곡선에 수학적인 아름다움과 매력이 있기 때문이다. 이 곡선은 우연하게 그려진 것이 아니라 원을 이용하여 정확하게 그려낼 수 있다. 나름대로의 규칙성이 있다는 것이다. 수학자들은 이 곡선에서 몇 가지 묘한 규칙을 발견해냈다.

첫 번째는 뒤집어진 사이클로이드 곡선의 어느 점에서 물체를 떨어뜨리더라도 바닥에 동시에 떨어진다는 것이다.(등시곡선) 신기하지 않은가? 위치가 다른 곳에서 동시에 떨어지더라도 이 곡선상에서는 바닥에 동시에 도착한다.

두 번째는 사이클로이드 곡선이 높은 위치 A에서 낮은 곳 B까지 가장 빨리 떨어지는 곡선이라는 것이다.(최단강하곡선) 두 지점을 잇는 직선이 답이 아니다. 이것은 중력의 작용 때문이다. 이 점을 고려하여 가장 스릴 있는 롤러코스터를 만든다면 떨어질 때의 모양은 직선이 아닌 사이클로이드 형태로 하는 것이 효과적일 것이다. 자연에서도 같은 현상은 발견된다. 독수리가 먹잇감을 낚아챌 때 그리는 동선도 이런 모양이라고 한다.

세 번째는 원과 원에 의해 만들어지는 사이클로이드에 수학적인 규칙성이 존재한다는 것이다. 원의 둘레와 사이클로이드 길이에도 일정한 비가 있다. 사이클로이드의 길이는 원의 지름의 네 배라고 한다. 그러면 갈릴레이가 고민했다던 넓이 문제는 어떻게 될까? 연구 결과 사이클로이드와 한 축에 의해 둘러싸인 부분의 넓이는 원 넓이의 세 배가 된다고 한다. 세 배가 조금 안 된다는 갈릴레이의 추측이 정답에 매우 근접한 것이었다.

사이클로이드에는 '불화의 사과'라는 별명도 있다. 웬 사과일까 싶지만, 이 별명은 트로이 전쟁을 불러온 황금사과를 패러디한 것이다. 황금사과로 인해 다툼이 생기고 트로이 전쟁이 발발했듯이, 사이클로이드를 둘러싸고 비슷한 일이 있었기 때문이다.

사이클로이드에 관한 많은 것은 파스칼에 의해서 밝혀졌다. 그러나 그에 대한 관심은 훨씬 오래전부터 시작되었고, 사이클로이드는 많은 수학자들의 연구 대상이었다. 그런고로 사이클로이드의 역사에서 누가 어떤 연구와 업적을 남겼는가를 정확하게 구분하기란 어렵게 됐다. 그로 인해 우선권 다툼이 많이 발생해 불화의 사과라 불리게 되었다. 아름다운 꽃이 쉽게 눈에 띄고 꺾이듯, 아름다운 곡선이기에 겪어야 했던 아픔이 아니었을까?

이 곡선은 원처럼 단순하지 않다. 그렇지만 분명히 일정한 패턴과 규칙이 있다. 이것을 알아낸다면 이 곡선과 관련된 애매모호하고 역설처럼 보이는 문제를 엄밀하게 해결할 수 있다. 관련된 두 가지 역설을 살펴보자.

모든 원의 둘레는 길이가 같다!

반지름이 다른 두 개의 동심원이 있다. 큰 원을 바닥에 대고 굴려서 한 바퀴 돌린다. 그러면 원은 큰 원의 둘레 $2\pi B$만큼 이동할 것이다. 이때 작은 원에서 일어나는 일을 생각해보자. 큰 원이 한 바퀴 돌아갈 동안 작은 원은 몇 바퀴 돌았을까? 물론 작은 원도 한 바퀴 돌았다. 그렇다면 작은 원 역시 작은 원의 둘레인 $2\pi A$만큼 이동했다고 볼 수 있다. 그러나 작은 원이나 큰 원이나 이동해 있는 거리는 같다. 그러므로 다음과 같은 역설이 발생한다.

한 바퀴 굴러 이동한 거리는 같다. → $2\pi B=2\pi A$ → 모든 원의 둘레는 모두 같다.

모든 원의 둘레가 같다니 누가 보아도 틀린 주장이다. 모든 원의 둘레는 분명 같지 않다. 문제는 그렇게 주장하는 나름대로의 근거다. 두 원 모두 한 바퀴 굴러서 같은 거리만큼 이동했으니 원의 둘레 또한 같다는 주장은 그럴듯해 보인다. 이 주장대로 모든 원의 둘레는 같은 걸까 아니면 어떤 문제가 있는 걸까?

이 문제는 '아리스토텔레스의 역설'이라 불린다. 그의 책에서 언급되어 이런 이름이 붙었다고 한다. 뭐가 문제인지 정확하게 꼬집어내기가 쉽지 않다. 작은 원도 정말 한 바퀴 굴렀을까? 만약 그렇지 않았다면 문제는 간단히 풀린다. 하지만 작은 원도 분명 한 바퀴 굴렀다. 그런데 어떻게 같은 거리만큼 이동한 것일까?

원인은 간단하다. 큰 원이 한 바퀴 돌 동안 작은 원도 한 바퀴 돌지만, 작은 원은 큰 원 위에 있기에 가만히 있어도 움직여지게 된다. 즉, 작은 원은 큰 원의 도움을 받아 미끄러지며 한 바퀴 돌기에 조금 돌고도 많이 이동하게 된다. 이걸 포착하지 못하면 두 원이 같이 움직이는 것으로 착각하게 된다.

이런 모순은 두 원 위의 점 A, B가 지나는 궤적을 그려보면 확실해진다. 점 B가 그리는 궤적(청록색)은 뭐가 될까? 원 위의 점이 회전하면서 그리는 궤적이니 그것은 사이클로이드가 된다. 그렇다면 점 A가 그리는 궤적은 어떻게 될까?

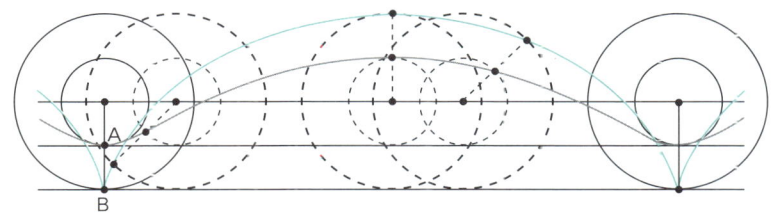

점 A가 그리는 궤적(회색)은 사이클로이드가 아니다. 사이클로이드가 옆으로 늘려진 모양이다. 그것은 작은 원 위의 점이 큰 원의 도움을 받아 미끄러지며 이동하기 때문이다. 한 바퀴 도는 것은 맞지만, 큰 원의 회전에 의해 작은 원이 도움을 받으며 이동하는 것이다. 그런 도움 없이 스스로 굴러간다면 A가 그리는 궤적 또한 완전한 사이클로이드가 된다.

앞으로 가는데 뒤로 가는 것처럼 보이네!

만약 작은 원을 기준으로 하여 원을 굴린다면 큰 원이 그리는 궤적은 어떻게 될까? 이것은 아리스토텔레스의 역설의 반대 상황이다. 작은 원이 한 바퀴 돌 동안 큰 원은 어떻게 되는 걸까?

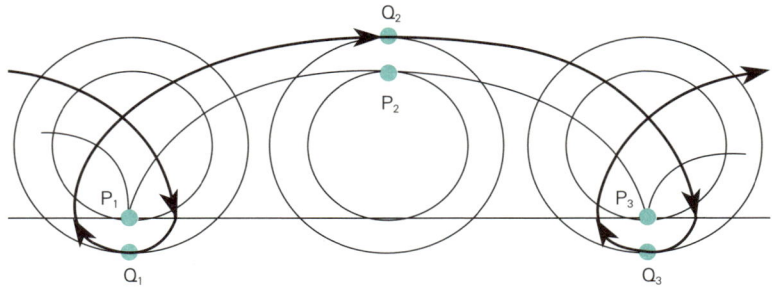

작은 원 위의 점 P가 그리는 궤적은 사이클로이드가 된다. 그러나 큰 원 위의 점 Q는 그렇지 않다. Q의 궤적은 굵은 선과 같은 다른 모양의 곡선이 된다. 이 곡선은 Q가 바닥에 닿을 때를 전후로 해서 뒤로 갔다가 다시금 앞으로 나아간다. 이로 인해 Q가 실제 옆으로 이동한 거리는 큰 원의 둘레보다 작게 된다. 뒤로 갔다가 나아가는 부분을 통해 Q는 작은 원의 둘레만큼 이동하게 된다.

이와 같은 현상은 기차 바퀴에서 일어난다. 기차 바퀴에는 레일 위를 회전하는 바깥부분과 레일의 아래를 회전하는 안쪽부분이 있다. 옆에서 본다면 두 개의 동심원이 함께 회전하는 꼴이다. 이때 회전의 기준은 레일 위를 회전하는 작은 원이다. 레일 아래를 회전하는 큰 원은 앞의 그림에서 Q가 그리는 궤적과 같은 모양으로 회전하게 된다. 그래서 달리는 기차를 옆에서 보면 큰 원 위의 점이 어떤 때는 뒤로 달리는 것처럼 보인다. 이것은 착각이 아니라 실제로 그런 것이다. 작은 원을 기준으로 회전하기 때문이다. 이를 기차의 역설이라고도 부른다.

  사이클로이드로 인해 두 가지의 역설은 말끔하게 해결됐다. 이 곡선의 성질이 수학적으로 밝혀졌기에 가능한 것이었다. 수학은 이렇게 문명, 구체적으로는 문경을 일궈온 사람들의 질문을 받아 해결해오는 과정에서 형성되고 발전되었다. 그러니 왜 만들어졌냐고 원망하며 따지기보다는 체념 반 기대 반으로 어떤 속사정이 있었는가를 살펴보는 게 낫지 않을까?

수학 교육에도 대화가 필요해

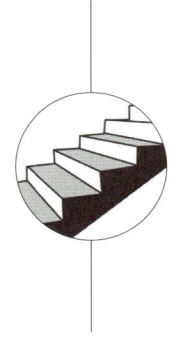

• 스탠드 업 •

수학은 어렵다. 수학을 잘하는 사람, 수학을 즐길 줄 아는 사람은 많지 않다. 그렇기에 수학은 의외의 역할을 하기도 한다. 난해하고 어려워서 지적으로 뛰어난 사람들을 구별하고 발탁하는 데 유용하게 사용된다. 영재나 천재 하면 우리는 수학이나 과학을 떠올린다. 수학을 잘한다는 것은 뛰어난 지적 능력을 소유하고 있다는 징표가 된다.

수학에 특출한 재능이 있는 사람에게는 사회적으로 좋은 기회가 제공된다. 그렇게 하더라도 별다른 문제가 되지 않는다. 수학으로 얼마든지 출세할 수 있는 길이 열릴 수 있다. 그런고로 수학을 쉽고 재미있게 잘 가르쳐줄 수 있는 방법이 주목받고, 그런 선생님 또한 귀한 대접을 받는다.

영화 〈스탠드 업〉(1987)은 고등학교 시절에 대학 학점을 미리 취득

하기 위해 치러지는 미국 시험인 AP(Advanced Placement), 특히 AP 미적분(Calculus) 시험을 다룬다. 제이 매튜의 책 『에스칼란테, 미국 최고의 수학 선생님(Escalante: the best teacher in America)』을 영화화한 것으로 실화를 바탕으로 하고 있다. 1988년에 제작된 이 영화는 그 가치를 인정받아 미국의회도서관이 영구 보존하는 국가영화등재소에 2011년에 추가되었다.

최고의 수학 선생님

에스칼란테는 미국 캘리포니아 로스앤젤레스 동부에 있는 가필드 고등학교의 수학 선생님이다. 이 지역은 라틴계 미국인이 주로 사는 곳으로, 생활 수준이나 교육에 대한 욕구가 낮은 편이다. 학교란 한때 스쳐 지나치는 곳으로 졸업만 하면 그만인 곳에 불과했다. 교육을 통해 사회적으로 뭔가를 성취해보려는 의지나 시드는 전혀 보이지 않았다. 제대로 공부할 리가 없고, 제대로 가르칠 리가 없는 그런 곳에 에스칼란테가 부임하며 영화는 시작된다.

　처음 그는 학생들에게 환영받지 못한다. 적당히 놀다가 집에 가려는 학생들을 상대로 수학을 제대로 가르치려고 하니 그럴 수밖에 없었다. 수학으로 귀찮게 하니 얼마나 싫었겠는가? 그러나 그는 혁신적인 교수법을 통해 학생들의 주목을 받게 되고, 학생들에게 기본적인 산술로부터 초급·중급 수준의 대수학도 가르치게 된다. 그는 학생들의 잠재능력을 알아채고, 교육을 통해 학생들의 의식과 의지를 일깨워간다. 급기야 학생들에게 AP 미적분 시험 대비반을 제안한다.

　주변의 반응은 회의적이었다. 미적분을 이해하는 데 필요한 기초

지식도 익히지 못한 녀석들에게 불가능한 목표라는 것이었다. 그러나 그는 꾸준히 설득하고 가르치며 그 일을 해낸다. 결과는 성공적이었다. 지원생 모두가 합격하는 위업을 달성한 것이다. 부정행위가 있었다는 의심까지 받을 정도로 그들의 성과는 대단해서, 미국 교육계에 하나의 신화로 남았다.

영화 끝부분에는 가필드 고등학교 학생들의 실제 합격생 수가 자막으로 공개된다. 1982년에는 18명, 1983년에는 31명, 1984년에는 63명, 1985년에는 77명, 1986년에는 78명, 1987년에는 87명이 합격했다고 한다. 1987년의 합격생 수는 전체 멕시칸 아메리칸의 27%를 차지하는 놀라운 결과였다.

적절한 예를 통해 설명을

에스칼란테는 학생들에게 최고의 선생님이었다. 수학을 쉽고 재미있게 가르쳤으며, 성적이 말해주듯 수학에 흥미를 갖도록 했다. 그의 교수법을 살펴보자.

어느 날 그는 요리사 차림으로 칼을 들고 나타난다. 그러고는 사과를 단칼에 베어버린다. 교실은 조용해진다. 식칼을 들고 서 있는 선생님 앞에 그 누가 떠들 수 있으랴! 그렇게 잘린 사과를 나눠주고 얼마가 없어졌는가를 물으며 퍼센트를 가르친다. 충격요법과 경험적 방법을 동원하며 그는 수업의 주도권을 잡아간다.

음수에 대한 그의 설명도 재미있다. 음수가 뭐냐고 묻자 한 학생이 천만 명의 실직자를 음수에 비유한다. 그 스승에 그 제자가 따로 없다. 그는 모래를 파내는 것을 빗대며 모래를 파내 생긴 구멍을 음수,

모래를 메우거나 더하는 것을 양수라고 설명한다. 그러고는 학생에게 다시 질문을 건진다. -2+2는 뭐가 되는가? 모래를 통한 개념을 상기시키자 학생은 머뭇거리다가 0이라고 답한다. 그 명을 다시 메우기에 0이 된다는 것이다.

수학이 어려운 이유는 추상적이기 때문이다. 보이는 현실세계에 익숙한 사람에게 추상적 세계란 낯설 수밖에 없다. 이때 필요한 것이 적절한 예를 들어주는 것이다. 낯선 개념을 친숙하게 만들어주는 예는 수학을 갓 입문하는 사람들에게 매우 효과적이다. 그는 어렵고 낯선 수학 개념을 사과나 모래 같은 친숙한 소재로 치환해줌으로써 학생들의 이해를 도왔다. 이런 과정에서 수학은 과학이나 철학, 예술과 같은 다른 분야와 자연스럽게 연결되며 조화를 이룬다.

왜 음수 곱하기 음수는 양수일까?

"음수 곱하기 음수는 양수다!" 에스칼란테는 학생들에게 따라서 말하게 한다. 리듬을 넣고, 입으로 말하며 수학 개념을 익혀가는 그만의 교수법이었다. 학생들은 시큰둥해하다가 지칠 줄 모르는 선생님의 요구에 못 이겨 따라 한다. 그러다 재미를 느껴 자연스레 수업에 동참한다. "그런데 왜 음수 곱하기 음수는 양수가 되는 걸까?" 그는 학생들에게 묻는다. 왜? 영화에서 답변은 제시되지 않는다. 아마도 영화를 보는 사람에게 던져진 질문이 아닐까 싶다.

수학에는 공식이란 게 있다. 수학문제를 받으면 우리는 공식에 따라 풀이를 하게 된다. 그런데 공식이란 사회적으로 인정된 공적인 방식을 나타내는 것이지, 유일한 방식만을 뜻하는 것은 아니다. 따라서 공식만을 따를 필요는 없다. 공식 이외의 방식으로 풀어가는 게 얼마든지 가능하다. 음수의 곱셈법을 자기만의 방식으로 이해해보자.

이 문제를 풀려면 음수와 곱셈의 뜻을 먼저 알아야 한다. 에스칼란테에 따르면, 음수란 모래더미에서 모래를 파내는 것이고, 양수란 모래를 메우는 것이다. 곱셈은 반복적인 덧셈을 줄인 것이다. 2×3은 2를 세 번 더한 식 2+2+2를 줄여 쓴 것과 같다.

몸 풀기 차원에서 양수의 곱셈부터 해보자. 2×3은 2+2+2이다. 양수란 모래를 메우는 것이므로 2를 세 번 메우라는 2×3은 6이 된다. 모든 양수의 곱셈은 이와 같은 방식으로 완벽하게 해결된다.

(-2)×3과 같이 음수와 양수가 섞여 있는 곱셈으로 넘어가자. 정의에 따라 곱셈식을 다시 써보면 다음과 같다. (-2)×3=(-2)+(-2)+(-2). (-2)는 모래를 2만큼 파는 것인데, (-2)×3은 그걸 세 번 하는 것이므로 결국은 모래를 6만큼 파는 것이 된다. 즉, (-2)×3은 -6이 된다.

3×(-2)와 같은 곱셈은 어떻게 풀이될까? 이 식은 3을 -2번만큼 더하라는 뜻이다. 3만큼 모래 메우는 걸 -2번 하라는 것이다. 여기서 문제는 -2번 한다는 것을 그 자체로 이해하기 어렵다는 것이다. 의미를 따라 푸는 게 곤란해진다.

일관되게 적용돼야 한다

앞에서 자기만의 방식으로 풀이가 가능하다고 했다. 그러나 여기에서도 지켜야 할 원칙은 있다. 자기만의 방식이나 규칙이 정말 유효하려면 그것이 일관되어야 한다는 점이다. 일관된 규칙으로 어떤 경우라도 풀어낼 수 있을 때 다른 방식의 정답으로 인정받을 수 있다. 그렇게 본다면 음수에 대한 에스칼란테의 설명은 불충분하다고 볼 수 있다.

모래에 의한 양수와 음수의 개념은 결과로서의 양을 표시하는 데는 문제가 없으나 과정과 행위로서는 부적당하다. 양수와 음수를 나름대로 이해하는 데는 도움을 주지만, 수학적인 면에서는 한계가 있어 공식처럼 인정받기는 어렵다. 그러나 3×(-2)를 전혀 해결 못 할 것은 아니다. 곱셈에서의 교환법칙을 이용해 문제를 다른 형태로 치환하던 가능해진다.

곱셈의 교환법칙이란 두 수를 교환해서 곱하는 것은 그 결과가 항상 같다는 것이다. 2×3은 항상 3×2와 같다. 즉, 2×3=3×2. 이런 규칙은 음수와 양수, 자연수가 아닌 분수나 무리수 같은 수에 대해서도 성립한다. 그러니까 법칙으로 인정받는 것이다. 이걸 이용하면 3×(-2)=(-2)×3이다. 그런데 (-2)×3의 값이 -6이라는 걸 우리는 이미 알고 있다.

$$3\times(-2)=(-2)\times 3=(-2)+(-2)-(-2)=-6$$

이제 (-2)×(-3)을 해결해보자. 음수를 모래를 파내는 것의 의미로 해석하여 이 곱셈을 하는 것은 불가능하다. 곱셈의 교환법칙을 이용하더라도 음수를 음수만큼 더해줘야 하는 난처한 상황에 처하는 것은 마찬가지다. 그러니 미안하지만 음수에 대한 에스칼란테의 해석을 여기서는 잊어야 한다. 그렇다면 어떻게 해야 할까? 어떤 방법을 써야 할까?

3×(-2)를 교환법칙을 이용해 풀었던 방법은 이 점에 있어서 뭔가

수학 교육에도 대화가 필요해

를 암시해준다. 음수만의 영역에서 음수의 계산을 해결하기 어려울 때는 계산의 일반원칙을 이용한다. 음수라는 특수한 경우를 일반적인 경우의 규칙을 통해 풀어내는 것이다.

교환/결합/분배법칙 이용하라

-2를 (-1)×2로 다시 쓸 수 있다. 즉 (-2)×(-3)={(-1)×2}×(-3). 여기서 곱셈의 결합법칙을 이용하면 {(-1)×2}×(-3)=(-1)×{2×(-3)}이 된다. 그러므로 (-2)×(-3)을 풀려면 (-1)×{2×(-3)}의 값을 알아도 된다. 그런데 우리는 2×(-3)=-6임을 알고 있다. 이 식으로부터 (-1)×{2×(-3)}의 값을 유도해보자.

$$2\times(-3)=-6$$
$$2\times(-3)+6=-6+6=0 \quad \rightarrow \quad \text{양변에 6을 더한다.}$$
$$(-1)\times\{2\times(-3)+6\}=(-1)\times 0 \quad \rightarrow \quad \text{양변에 (-1)을 곱한다.}$$
$$(-1)\times 2\times(-3)+(-1)\times 6=0 \quad \rightarrow \quad \text{분배법칙을 이용하여 곱셈을 전개한다.}$$
$$(-1)\times 2\times(-3)+(-6)=0 \quad \rightarrow \quad (-1)\times 6=-6\text{이 된다.}$$
$$(-1)\times 2\times(-3)+(-6)+6=0+6 \quad \rightarrow \quad \text{양변에 6을 더한다.}$$
$$\{(-1)\times 2\}\times(-3)=6$$
$$(-2)\times(-3)=6$$

규칙성을 찾아라

양수 간의 계산으로부터 유도하는 방법도 있다. 곱셈은 모든 수를 대상으로 하여 일관된 규칙으로 진행되어야 한다. 그 규칙성을 안다면 양수와 음수의 의미에 입각하지 않더라도 음수끼리의 곱셈을 해결할 수 있다. 양수끼리의 계산을 먼저 살펴보자.

2×3=6
2×2=4
2×1=2
2×0=0

2에 다른 수를 곱해감에 따라 결과도 달라진다. 이때 곱하는 수의 규칙에 따라 결과도 규칙성을 갖게 됨을 볼 수 있다. 즉, 2에 1씩 작은 수를 곱함에 따라서 결과는 2씩 줄어든다. 이제 이 규칙성을 더 밀고 가보자. 2에 0보다 작은 수들을 곱하고, 이 규칙이 따라 결과를 적어보자. 그러면 이 결과는 양수와 음수의 계산이 된다.

2× 0 = 0
2×(-1)=-2
2×(-2)=-4
2×(-3)=-6

양수와 음수의 곱셈은 음수가 되어야 함을 알 수 있다. 여기서 교환법칙과 계산에서의 규칙성을 일관되게 밀고 나간다면 음수끼리의 곱셈 또한 이끌어낼 수 있다.

$(-3) \times 2 = -6$

$(-3) \times 1 = -3$

$(-3) \times 0 = 0$

$(-3) \times (-1) = 3$

$(-3) \times (-2) = 6$

음수에 양수를 곱한 것에서 곱한 양수를 줄여가면 음수와 음수의 곱셈이 된다. 이때 규칙은 음수에 1 작은 수를 곱해가면 결과는 3씩 커져가는 것이다. 이 규칙을 따라서 전개하다 보면 음수끼리의 곱셈은 양수가 된다.

음수의 계산은 철저히 계산 규칙을 통해서 정해진 것이다. 음수에 적당한 의미를 부여해 이해하는 것만으로 계산문제를 해결할 수는 없다. 결국엔 수학적 논리를 통해서 모든 문제는 해결된다. 음수가 0보다 작다는 것도 수직선상에서 0보다 왼편에 있다는 뜻이지 음수에 양수와 같은 그런 크기가 존재한다는 뜻은 아니다. 수학이 논리를 따라 형성된 만큼 결국엔 논리를 통해서만 수학을 온전히 이해할 수 있다.

수학 교육에도 대화가 필요해

에스칼란테는 학생들과 끊임없이 대화를 나눈다. 일방적으로 강의한 후 외우라는 것이 아니라 대화를 통해 학생들이 조금씩 앎에 접근하도록 돕는다. 알아야 할 것을 한꺼번에 던져주며 외우라고 하지 않는다. 지속되는 물음과 답변 속에서 학생들이 스스로 이해하도록 돕는,

요즘 말로 자기주도 학습의 전형이다.

이런 대화를 보노라면 플라톤이 종과 대화를 나누는 『머논』의 한 장면이 떠오른다. 다른 사람과 교육에 관한 이야기를 나누던 플라톤은 종을 불러 묻는다. 주어진 정사각형보다 넓이가 두 배인 정사각형의 한 변의 길이는 어떻게 되겠느냐? 종은 즉흥적으로 변을 두 배로 하면 된다고 대답한다. 이 답변은 틀린 것이다. 변을 두 배로 하면 넓이는 2×2가 되어 네 배가 돼버린다.

그러나 플라톤은 종의 답변이 틀렸다고 바로 지적하지 않는다. 정답을 바로 알려주지도 않는다. 대신 변의 길이를 두 배로 늘린 정사각형을 통해 종의 말이 맞는지 직접 확인하게 한다. 종은 스스로 자신의 답변이 틀렸음을 깨닫는다. 이어지는 대화 속에서 플라톤은 주어진 정사각형의 대각선을 한 변으로 하는 정사각형이 넓이가 두 배가 된다는 것을 이해하도록 도와준다. 결국 종은 스스로 그 사실을 깨우친다.

네 생각의 길을 따라 끝까지 가라!

플라톤은 영혼을 믿었다. 영혼은 모든 것을 알고 있었는데, 육신이라는 지옥에 갇히며 모든 것을 잊었다고 믿었다. 영혼의 존재에 관한 것은 논외로 하더라도, 영혼의 존재를 바탕으로 한 그의 교육관은 곱씹어볼 필요가 있다.

플라톤은 교육이란 것이 잊어버린 영혼의 기억을 되살리는 것이라고 했다. 일명 영혼상기설이다. 우리는 교육을 통해 전혀 몰랐던 사실을 새롭게 배우는 것이 아니라, 잊었던 걸 다시금 상기하는 것이다.

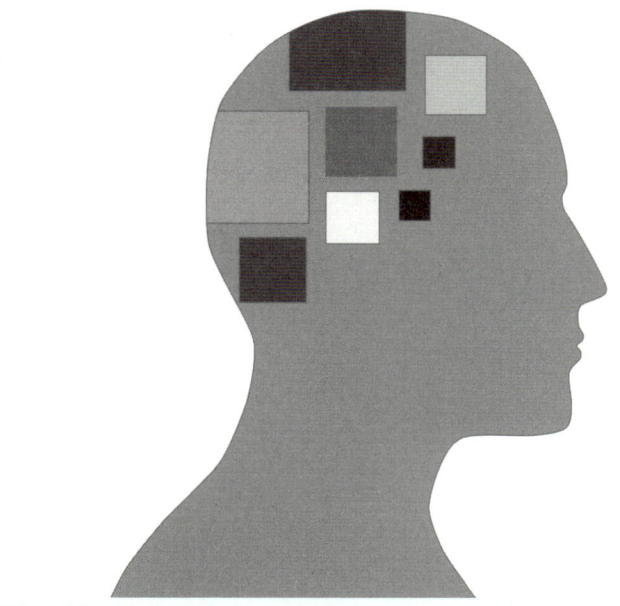

이성이라는 양식은 누구에게나
공평하게 분배되어 있다.
문제는 그것을 어떻게 끄집어내어
잘 활용하도록 하느냐의 여부다.

그러면 어떤 방법이 잊힌 기억을 되살리는 데 효과적일까? 플라톤은 대화를 통해 학생들이 스스로 기억을 되살리도록 도와야 한다고 말한다.

영혼상기설에 따른다면 모든 사람들은 스스로의 학습능력을 지니고 있다. 모든 것은 이미 우리 자신 안에 있다. 데카르트의 말처럼 이성이라는 양식은 누구에게나 공평하게 분배되어 있다. 문제는 그것을 어떻게 끄집어내어 잘 활용하도록 하느냐의 여부다. 교육이 필요한 이유가 여기에 있다.

플라톤식 교육에서 중요한 것은 학생들의 가능성과 능력을 믿는 것이다. 그리고 그것이 잘 발휘되도록 자극을 주고 도와주는 것이다. 이때 꼭 필요한 것이 선생님의 기다림과 학생의 뚝심이다. 선생은 학생들의 생각이 틀렸더라도 멈추게 하지 않고, 그 생각을 따라 사유의 여행을 계속해 정답에 이를 때까지 기다려줘야 한다. 학생들은 자신의 생각이 틀릴 것을 두려워해 가만히 있어서는 안 된다. 뚝심 있게 자신의 생각을 말하고, 그 길을 끝까지 가봐야 한다. 오답임을 아는 것도 정답을 아는 것만큼이나 중요한 공부다.

어디 수학 잘하는 사람 없나?

에스칼란테는 교육이 중요하다는 것을 잘 보여줬다. 그를 통해 학생들은 수학문제뿐만 아니라 인생의 문제를 풀어내면서 삶을 바꿔갔다. 미국 교육의 역사에 남을 만하고, 영화로 제작될 만큼 자랑스러워 할 일들을 해냈다. 이 일은 좋은 선생에 걸맞은 좋은 학생이 있었기에 가능했다. 누구나가 그럴 수 있는 것은 아니다. 그래서 우리는 수학에 뛰어난 학생들을 찾아내기 위해 다양한 노력을 하고 있다.

수학 올림피아드는 수학에 능력 있는 청소년을 발굴하기 위한 국제대회로 유명하다. 이 대회의 참가자격은 대학교육을 받지 않은 만 20세 미만의 청소년이다. 1959년 동유럽 7개국이 참가하며 루마니아에서 개최된 이래 참가국이 늘면서 가장 권위 있는 대회로 자리 잡았다. 매년 7월 즈음에 개최되는데 우리나라도 1988년 호주대회 이후로 꾸준히 참가해오고 있다.

각 국가에서 선발된 여섯 명의 학생들은 하루에 세 문제씩, 이틀 동안 여섯 문제를 풀게 된다. 시험시간은 4시간 반씩이다. 성적은 개인별로 매겨지고, 그에 따른 시상도 개인별로 이뤄진다. 국가별 성적은 공식적으로 발표되지 않지만, 참가학생들의 성적을 종합하면 자동적으로 국가별 성적표가 매겨진다. 그렇다 보니 각 국가에서는 최고의 학생을 뽑기 위해 치밀한 선발과정을 거친다. 북한마저도 이런 분위기에서 자유롭지 못했다. 좋은 성적을 내볼 심산이었는지, 아마 추어나 할 법한 부정행위를 해서 실격 처리된 독특한 불명예를 안기도 했다.

국가를 대표하여 출전하는 것만으로도 개인에게는 영광스러운 일이다. 하물며 수상한 학생들의 경우는 어떻겠는가? 그 예로 2011년 대회에 참가하여 금메달을 수상한 우리나라의 한 학생은 그 해 100명의 대한민국 인재에 뽑히기도 했다. 또한 이제껏 치러진 대회에서 수상한 학생들 중 수학계의 최고 영예라 할 수 있는 필즈상 수상자가 11명이나 배출됐다.(2010년 현재) 7개의 밀레니엄 문제 중 하나로 100만 달러의 상금이 걸려 있는 푸앵카레의 추측을 해결한 그레고리 페렐만 역시 1982년 대회의 금메달 수상자다.

수학과의 잘못된 만남

시험이라는 것이 좋은 인재를 발굴하는 역할도 하지만, 시험에 대한 과도한 집착은 많은 문제를 야기한다. 교육의 목적이 좋은 시험성적을 거두는 것이 되면서 공부 자체의 즐거움은 뒷전으로 밀려난다. 시험을 철저히 분석하여 그에 맞는 전략적인 준비가 이뤄진다. 우리 나라에서도 수학은 입시를 위한 것으로 그 틀이 거의 고정돼버렸다. 영재는 발굴되는 게 아니라 학원에서 만들어진다는 우스개 소리도 들린다.

영국의 케임브리지 대학에서 시행된 트라이포스라는 제도도 비슷한 부작용을 낳았다. 트라이포스는 수학 학위를 받고자 하는 학생들을 대상으로 한 시험이었다. 성적에 따라 등급이 매겨지는데 최고 수준의 학생들에게는 랭글러(wrangler)라는 영예가 주어졌다. 트라이포스를 통해 배출된 랭글러들은 영국 사회에서 대단한 존경을 받았으며, 큰 영향력을 행사하는 지위를 누릴 수 있었다. 특히 이들은 물리학에도 진출해 하나의 학파를 형성할 정도였다. 사정이 이렇다 보니 시험은 무작정 어려워지고, 학생들은 전공 공부보다 트라이포스에서 좋은 성적을 거두기 위한 시험공부에 전념하는 기현상이 벌어졌다.

영국의 대표적 수학자인 G. H. 하디나 리틀우드도 이런 제도 하에서 공부해야 했다. 학생들은 교수들의 연구물을 읽지도 않았고, 심지어 교수의 얼굴도 모를 정도였다. 수학에 대한 진지한 관심은 보이지 않았고, 랭글러가 되기 위한 학생들을 지도해주는 가정교사가 생겨났다. 하디는 이런 분위기로 말미암아 수학을 포기할 지경에 이르기도 했다. 그렇지만 그도 그 시험에 응시했다. 그것도 한 번만이 아니었다. 수석 랭글러가 되기 위해 다시 응시했고, 기어코 1등을 하고야 말왔다.

　그러나 나중에 그는 그 시험을 없애려고 노력했을 정도로 그 제도를 경멸했다. 입시나 시험과 같은 제도 하에서의 수학이 수학의 전부는 아니다. 그것만으로 수학의 즐거움을 평가할 수는 없다. 수학의 다양화가 필요하다. 음식이 다양하면 골라먹는 재미가 있는 것처럼 수학도 그래야 하지 않을까? '난 수학을 못해'가 아니라 '이런 수학은 못하지만 저런 수학은 잘할 수 있어'라고 말할 수 있는 세상을 만들어야 하지 않을까?

문제 해결사냐 사고뭉치냐, 두 얼굴의 수학

• 넘버스 •

한 상점에 3인조 무장강도가 침입한다. 복면을 쓰고 총으로 주인을 위협해 뭔가를 훔쳐간다. 그런데 이 강도들, 하는 짓이 뭔가 어설프다. 너무 긴장한 나머지 물건을 쓰러뜨리며 당황한 기색을 보인다. 이를 눈치챈 주인이 그들과 총 싸움을 시작한다. 결국 범인 중 한 명이 현장에서 사망하고 만다.

사건 현장에 돈 엡스 반장을 중심으로 한 FBI가 출동한다. 그들은 이상한 점을 발견한다. 범인들이 목숨을 담보로 하고 훔쳐간 물건이 상식적으로 이해가 되지 않았다. 그것은 돈도, 음식도 아닌 즉석복권이었다. 그들은 오직 즉석복권만을 노렸다. 현금은 손도 대지 않았다. 수사 도중 죽은 범인이 예전에 15만 달러 복권의 당첨자였다는 사실이 밝혀지면서 수사는 복권사업과 관련되어 진행된다.

미국 CBS에서 만든 수학드라마 〈넘버스(Numb3rs) 시즌6〉 11화다. 〈넘버스〉는 2005년에 제작된 이래 워낙 인기가 좋아 2010년도에 시즌6까지 방영됐다. FBI 돈 엡스 반장이 동생이자 천재 수학자인 찰리 엡스와 더불어 사건을 척척 해결해가는 과정을 그린 드라마다. 제목에서 풍겨나듯이 모든 사건의 해석과 해결에는 수학이 결정적인 역할을 한다. 드라마의 완성도를 위해 수학과 과학의 전문가 집단이 참여하여 대사나 장면을 꼼꼼하게 배치했다고 한다. 그렇다고 이 드라마가 단순히 수학만능주의를 표방하는 것은 아니다. 수학의 탁월함뿐만 아니라 수학의 한계나 폐해와 같은 이면도 다루면서 수학에 대한 다양한 이미지를 보여준다.

당첨확률을 높여라

로또가 보급되면서 '인생역전'이란 구호가 친숙한 말이 된 지 오래다. 드라마에서 캘리포니아 주의 연간 복권사업 규모는 30억 달러, 3조 3000억 원 정도라고 소개한다. 우리나라의 연간 복권 판매액이 2009년 2조 4706억 원, 2010년 2조 5255억 원, 2011년 3조 804억 원[14]이라고 하니 거의 비슷한 규모다.

우리나라 로또는 45개의 숫자 중에서 여섯 개를 맞추는 것이다. 당첨확률은 8145060분의 1이다. 45개 숫자 중에 여섯 개의 서로 다른 수가 나올 경우의 수($_{45}C_6$)가 8145060가지이기 때문이다. 2012년까지 10년 동안의 통계를 통해 이론과 실제가 어땠는가를 확인해보자. 2012년 자료[15]에 따르면, 519회까지 총 판매액은 26조 8837억 원이다. 회당 평균 518억 원어치, 5000만 장이 팔린 셈이다. 회당 당첨자는 평균 5.6명이었다. 814만 장 당 1명꼴이라는 이론을 토대로 계산해보면 5000만 장에는 6.14명 정도의 당첨자가 있어야 한다. 실제 통계와 얼추 비슷하다고 볼 수 있다.

이 드라마에서는 복권의 당첨확률이 14000000명 중 1명이라고 말한다. 더 재미있는 확률 이야기도 들려준다. 번개를 맞을 확률은 576000명 중 1명 꼴이고, 슈퍼모델과 데이트할 확률은 880000명 중 1명 꼴이고, UFO를 볼 확률은 300000명 중 1명 꼴이란다. 이대로라면 로또에 당첨될 확률은 번개 맞는 것보다, UFO를 보는 것보다도 더 어렵다.

하지만 확률이 이렇다고 해서 사람들이 포기하는 것은 아니다. 천문학적인 당첨금을 향해 사람들은 끊임없이 달려든다. 확률만 바라보는 게 아니라 당첨되기 위한 나름대로의 시도도 한다. 가장 대중적인 방법은 좋은 꿈을 꾸거나 행운을 잡았을 때 복권을 구입하는 것이다. 아예 당첨번호를 알려준다며 돈을 버는 사람들도 있다. 근거가 꼭 과학적일 필요는 없다. 이런 경우는 오히려 비과학적인 방법이 더 그럴싸하게 보이고 잘 맞는 경우도 많다.

그런데 꿈이나 행운을 바라는 방법에는 한계가 있다. 그건 바란다고, 고대한다고 찾아오는 게 아니다. 모든 걸 하늘에 맡기고 그저 기다리는 방법밖에 없다. 멍하니 기다릴 수만은 없는 사람들에게는 다른 방법이 필요하다. 무슨 묘안이 없을까?

복권에 대한 정보가 필요해

이 드라마는 그런 방법을 소개한다. 즉석복권만을 훔쳐 달아나는 범인들! FBI도 처음에는 이 사건의 의도를 파악하지 못한다. 즉석복권의 당첨금을 노린 것이라면 그들의 행보는 맞지 않기 때문이다. 왜일까?

모든 복권에는 일련번호라는 게 적혀 있다. 그 일련번호를 통해서 모든 복권은 추적이 가능하다. 도난당한 복권으로 신고되면 그 복권은 무용지물이 된다. 오히려 당첨금을 찾으러 갔다가 검거되고 만다. 따라서 소란스럽게 즉석복권을 훔쳐간 범인들의 행위는 이치에 맞지 않는 것이다. 그래서인지 범인들은 결코 당첨금을 찾으러 나타나지 않았다.

그렇다고 그들이 즉석복권에 전혀 손을 대지 않은 건 아니다. 그들이 훔친 만여 장의 복권은 모두 긁힌 채 발견되었다. 상황이 이렇게 되자 FBI도 어쩔 도리가 없었다. 그저 다음 사건을 기다려보는 수밖에! 그런데 의외의 곳에서 실마리가 풀린다. 물론 천재 수학자인 찰리에 의해서다.

찰리는 집에서 복권을 긁고 있는 아버지와 대면한다. 복권의 확률과 수의 속성을 너무도 잘 알고 있는 찰리는 복권 구입에 반대한다. 그러나 아버지는 확률은 확률이고, 복권은 복권이라며 복권이 가져다 주는 기대감과 희망, 그리고 복권사업을 통해 사회로 환원되는 공익성을 강조한다. 그들은 서로 자기의 주장을 굽히지 않는다.

그러다 아버지가 한번 긁어보라며 복권을 한 장 건넨다. 여기서 찰리는 아버지에게 특정 부분을 가리키며 왜 이 부분은 긁지 않았냐고 묻는다. "일련번호 자리이기에 긁을 필요가 없다"는 아버지의 말을 유심히 듣던 찰리는 사건의 단서를 포착하며 말한다. 범인들은 당첨 복권을 찾던 게 아니었다고! 복권에 대한 정보를 찾았던 거라고!

최고 당첨금의 복권을 찾아라

사건의 전말은 이렇다. 범인들이 찾고자 했던 것은 최고액에 당첨된 복권 한 장이다. 그 복권이 어디에 있는지 알려면 뭐가 필요할까? 그 복권의 일련번호와 그 복권의 판매점을 알아야 한다. 그런데 원칙적으로 그걸 아는 건 불가능하다. 복권을 만들어낼 때 컴퓨터를 통해 당첨금과 일련번호를 무작위로 생성해놓았기 때문이다. 무작위(無作爲, random)란 아무런 규칙 없이 우연과 운에 의해 일이 진행되도록 하는 것이다.

그런데 찰리는 무작위란 말에 동의하지 않는다. 무작위라는 것도 결국은 컴퓨터의 프로그램에 의해 구성되는 것이기에, 진정한 무작위란 있을 수 없다는 것이다. 말뿐이지 일정한 규칙과 패턴이 있을 수밖에 없다는 것이다. 따라서 수많은 데이터를 분석하면 그 데이터의 분포 규칙을 알아낼 수 있고, 그 규칙을 알아내면 최고 당첨금 복권을 알아낼 수 있게 된다. 이것이 바로 범인들이 목숨을 걸고 만여 장의 즉석복권을 훔친 이유였다. 그들은 훔친 복권들의 일련번호와 당첨금 간의 관계를 분석하여, 그들이 원하던 '그' 복권을 찾아내려 했던 것이다.

찰리는 범인들의 시도가 가능함을 시각적으로 보여준다. 그는 범인들이 버려둔 단여 장의 복권데이터를 통해 일련번호와 당첨금의 관계를 3차원 공간에 그래프로 표시한다. 맨 처음 50개가량의 데이터에 대한 그래프를 보여주며 일정한 패턴이 없는 무작위라는 걸 확인한다. 하지만 만 개의 데이터를 보여주자 일정한 패턴이 발견된다.

범죄의 의도가 밝혀지자 범인 잡는 것은 시간문제가 돼버린다. 최

50개
데이터의 분포

10000개
데이터의 분포

고 당첨금이 있는 복권 상점에서 범인은 쉽게 붙잡힌다. 최고 당첨금의 복권을 찾아내 승리의 미소를 띠며 유유히 걸어 나오다가 붙잡힌다. 변명의 여지가 없는 현장범이 된 것이다. 범인은 이런 수학적인 메커니즘을 훤히 알고 있는 복권 당첨자들의 투자 자문가였다.

범인은 너무나 무작위적으로 보이는 이 세상이 실은 수학적 시스템에 의해 굴러가는 것임을 알고 있었다. 그래서 그 시스템의 원리를 이용해 이 세상을 지배해보려 했다. 그러나 중요한 것은 그러했기에 범인들의 행위 역시 일정한 규칙과 패턴을 갖게 되었고, 다른 누군가에 의해 그 패턴이 드러나게 돼버렸다는 거다. 뛰는 놈 위에 나는 놈이 있었다.

모으고 모으면 규칙이 된다

우리가 살아가는 세상을 가까이서 보면 모든 것이 무질서하고, 불규칙적인 것처럼 여겨진다. 그러나 조금 떨어져서 보면 그런 세상에도 일정한 규칙이 있다. 이때 매우 유용한 수학적 기법이 통계다. 50개의 복권만을 봤을 때는 규칙이 안 보였지만, 만 개를 모아놓고 보니 규칙이 보였던 것을 떠올려보라.

푸앵카레라는 프랑스의 유명한 수학자가 있었다. 매일 아침 가게에서 빵을 구입하던 그는 뭔가 미심쩍은 점을 발견했다. 그가 산 빵이 1000그램이라는 직원의 말과는 달리 950그램 정도로 정량보다 가벼웠던 것이다. 그는 의심했다. 가게에서 일부러 정량 미달로 만들어 파는 것이라고! 그냥 넘어갈 수 없었다. 그는 관련인에게 항의했고 그 이후부터는 충분히 큰 빵을 받게 되었다. 이상한 구석 하나라도 그냥 넘어가지 않는 수학자의 위대함이여!

그런데 그의 진정한 위대함은 1년 후에 드러나게 된다. 그는 1년 후 제빵사가 여전히 정량 미달의 빵을 만들고 있다는 사실을 밝혀냈다. 어찌 된 일일까? 의심을 완전히 지울 수 없던 그는 1년 동안(!) 구입한 빵의 무게에 대한 통계를 내봤다. 그 결과 문제가 있음을 알아냈다. 수학자가 아니면 그렇게 하지도, 그 점을 간파하지도 못했을 것이다.

그가 받은 빵은 대부분 1000그램이 넘는 무거운 빵이었다. 보통 사람이라면 잘 만들고 있다고 넘어갔을 것이다. 그러나 그는 수학자였다. 제빵사가 빵을 제대로 만들었다면 빵들의 무게가 정규분포를 이뤄야 한다고 그는 생각했다. 정규분포란 평균을 전후로 한 부분에 분포가 몰리고 평균에서 멀어질수록 급격하게 분포가 줄어드는, 종 모양의 분포를 말한다.

푸앵카레가 1년 동안 수집한 자료는 정규분포가 아니었다. 무거운 빵들이 많은 이상한(?) 분포를 이룬 것이다. 그는 알아챘다. 빵을 제대로 만들지 않으면서 자기에게만 큰 걸로 골라주며 눈속임을 하고 있다고! 그 제빵사, 정말 제대로 걸렸다. 큰 빵만을 줘놓고도 속임수를 들켜버린 것이다. 이렇게 수학은 혼돈을 질서로 바꿔주고, 보이지 않는 것을 보이게 만들어주는 마법을 지니고 있다.

말썽을 일으키는 수학

그렇다고 수학이 항상 문제를 해결하는 것만은 아니다. 오히려 수학으로 인해 말썽이 일어나기도 한다. 〈넘버스 시즌1〉 11화 '희생양(sacrifice)' 편이 다루는 주제가 그것이다.

한 남자가 살해되었다. 정부로부터 지원을 받은 연구기관의 연구원이었다. FBI는 사건 현장을 조사하며 사건의 단서를 찾아나간다. 그러려면 사건 현장이 흐트러져서는 안 되는데, 연구기관에서 현장에 있던 컴퓨터에 손을 댄다. 살해된 남자가 가지고 있던 모든 정보는 그 기관 소유라는 것이 이유였다. FBI는 살인사건이 피살자의 연구 내용과 모종의 관련이 있을 것이라고 추측하기 시작한다.

FBI는 피살자의 컴퓨터 파일들이 복사되지 않은 채 삭제되었음을 확인한다. 살인범이 자료를 삭제한 것이다. 수학자 찰리는 데이터 삭제란 컴퓨터에 기록된 0과 1의 기록을 모두 없애는 것이 아니라 0과 1의 상태를 뒤엎어버리는 것이라고 설명해준다. 그리고 프로그램을 통해 원래의 0과 1의 상태를 알아내서 원 자료를 복구할 수 있다고 한다. 그 결과 그들은 야구 통계 파일이 삭제됐음을 알아낸다. 통계를 이용해 선수나 팀의 실력을 측정하거나 예측해가는 자료였다. 그런데 피살자가 근무하던 기관에서는 그런 연구를 전혀 하지 않았다. 피살자의 개인적인 관심사였던 것으로 보였다. 그러나 그것이 아니었음이, 또 찰리에 의해 밝혀진다.

야구 통계에 관한 파일은 뭔가를 위장하기 위한 것이었다. 피살자의 진짜 관심은 다른 데 있었는데, 그 관심사를 숨기기 위해 야구 통계 파일인 것처럼 꾸민 것이었다. 원 파일은 통계적 분석을 인간 성취도에 적용하는 것으로, 한 인간이 미래에 성공할 것인지 실패할 것인지의 여부를 예측하는 것이었다. 지역, 학교, 성적, 가족과 같은 환경적 요인을 변수로 하는 방정식을 통해 특정 지역에 사는 누군가가 성공할 것인지를 판별하는 연구였다. 이것은 재정적자에 허덕이는 정부가 공적 자금을 효율적으로 사용하기 위해 피살자가 몸 담고 있던 연구기관에 의뢰했던 프로젝트였다.

수학적 분석을 통해 사람의 미래를 예측한다? 찰리는 수학자로서 그 가능성을 인정하고 호기심을 느낀다. 그러나 드라마에서는 대체로 이러한 접근에 많은 문제제기를 하고 있다. 통계를 통해 어떤 일의 결과를 분석하는 것과 그걸 기반으로 하여 미래를 예측하는 것은 전혀 다른 문제라는 것이다. 수학이 사람의 정신이나 미래와 같은 것까지 알아내는 것이 가능할까?

빗나가는 수학적 예측들

미래 예측을 위한 대표적인 방법 중 하나로 선거 여론조사가 있다. 여론조사는 1930년대부터 본격적으로 시작됐다. 1936년 미국에 대통령 선거가 있었다. 선거를 앞두고 《리터러리 다이제스트》는 예측을 위한 여론조사를 실시했다. 이 기관은 1920년부터 1932년까지의 대통령 선거에서 결과를 정확히 예측해 명성을 얻은 바 있었다. 1936년의 선거에서도 정확한 예측을 위해 그들은 막대한 조사를 실시했다. 자그마치 1000만 명을 대상으로 우편엽서를 발송한 것이다. 실제 응답자는 240만 명이었다.

집계 결과 공화당의 랜던 후보가 57%, 민주당의 루스벨트가 43%의 지지를 받았다. 잡지는 랜던 후보가 당선될 것이라고 발표했다. 그러나 실제 결과는 달랐다. 민주당의 루스벨트가 62%라는 지지를 받으며 대통령이 된 것이다. 엄청난 규모의 조사였음에도 최대의 오차를 기록하였다. 이 일을 계기로 하여 보다 정확한 여론조사 방법에 대한 점검과 쇄신이 이뤄진다. 그러나 이런 실수는 또다시 반복된다.

사진 속 인물은 1948년 미국 대통령 선거에서 당선된 해리 트루먼이다. 그가 환하게 웃으며 신문 하나를 들어 보이고 있다. "듀이가 트루먼을 이긴다"는 머리기사의 《시카고 트리뷴》지다. 이 신문은 여론조사를 바탕으로 해서 트루먼이 아닌 듀이가 승리할 것이라고 예견했다. 그러나 결과는 듀이가 아닌 트루먼의 승리였다. 이런 빗나간 예측으로 이 신문은 900달러에 거래되는 귀한 대접을 받기도 했다.

사진 속 트루먼이 이 신문을 조롱하듯 웃어 보이며 좋아하고 있다.

여론조사는 과학적 방법과 수

학적 통계를 바탕으로 하여 이뤄진다. 현재의 상태를 정확하게 읽음으로써 미래를 그려보는 것이다. 그런데 보다시피 미래에 대한 예측은 자주 빗나간다. 왜일까?

우선 예측 방법이 적절하지 않을 수 있다. 1936년 《리터러리 다이제스트》의 경우 240만 명이라는 엄청난 응답자를 바탕으로 했다. 그러나 문제는 긴원이 아니라 어떤 응답자였느냐 하는 것이었다. 대상에 문제가 있었다. 이 잡지는 전화번호부에 등재된 사람들과 자동차 소유자들을 대상으로 조사를 실시했다. 이 사람들은 대부분 랜던의 지지층이었다. 랜던이 이긴다는 결과가 나올 수밖에 없었다.

《리터러리 다이제스트》가 이렇게 고배를 마셨던 그때에 반대로 주목을 받게 된 기관이 있다. 지금도 여론조사 하면 떠오르는 갤럽여론조사연구소다. 갤럽은 루스벨트가 당선이 될 것이라고 정확하게 예측했다. 더욱 놀라운 것은 그들이 여론조사를 실시한 대상자 수였다. 갤럽은 240만 명의 0.1%도 안 되는 1500명만을 대상으로 했다. 240만 대 1500의 싸움에서 1500이 승리를 한 것이다. 전체적인 여론을 잘 반영하는 대상자를 선정하였기에 1500명으로도 그런 결과를 낼 수 있었다.

그러나 조사 방법이 정확하다고 해서 반드시 예측이 정확한 것은 아니다. 1948년의 예측 실수에 대한 원인으로 선거 당일의 날씨를 제기하는 주장도 있다. 선거 당일 듀이의 지지층이 많은 곳을 중심으로 비바람을 동반한 폭풍이 몰아쳤다. 그로 인해 듀이의 지지층이 투표를 많이 못했다는 것이다. 날씨가 투표율에 영향을 미치는 것은 사실이다. 그러나 여론조사를 실시할 당시에는 그런 변수를 전혀 고려할 수가 없다.

세상은 순간순간 변하고 있으며, 우리의 상상을 초월하는 다양한 요소들이 영향을 주고받으며 돌아간다. 그런 변화를 파악해가기 위해 수학 역시 노력하고 있다. 그러나 수학에도 한계가 있다. 현실에서는 수학이 전혀 고려하지 못하는 사건이 무수히 많이 일어난다. 그러니 수나 기호에 집착하여 그런 변화의 가능성을 놓쳐서도 안 되고, 수학이 내놓은 답이 완전한 답이라고 고집해서도 안 된다. 때로는 수학적 결론 자체에 대해서, 수학 이외의 방법에 대해서도 열린 자세를 가질 필요가 있다.

수학, 누가 왜 만들었을까?

2관

머리 좋은 새는
앉아서도 멀리 본다

• 용의자 X의 헌신 •

수학자, 머리가 좋은 사람이다. 그들에게는 오직 머리만이 필요하다. 손도 필요하긴 하지만 손은 머리를 잘 굴릴 수 있도록 도와줄 뿐이다. 남들이 손발, 몸을 통해 일을 할 때 그들은 머리를 굴리며 일을 한다. 그러나 그들이 보여주는 것은 알 수 없는 수식과 기호뿐이다. 설명을 들어도 알 수 없는 건 마찬가지다. 고로 그들이 얼마나 머리가 좋은지 가늠하기 어렵다.

  수학자들은 종종 체스를 좋아하거나 잘하는 것으로 언급된다. 앨런 튜링처럼 체스를 좋아한 수학자는 많고, 오일러와 가우스처럼 체스를 연구한 수학자도 있다. 27년간이나 세계 체스 챔피언이었던 에마누엘 라스커처럼 직접 체스판으로 뛰어든 수학자도 있었다. 체스나 바둑은 경우의 수가 많아 머리를 많이 써야 하기에 수학자들의 비상한 머리를 표현하기에 적합하다는 점도 있는 듯하다.

  수학자들은 정말 머리가 좋을까? 참 궁금하다. 높이 나는 새는 멀리 본다. 그러나 머리 좋은 새는 앉아서도 멀리 본다. 수학자가 바로 그런 새다. 이걸 확인할 수 있는 영화가 있다.

수학, 완전범죄를 계획하다

고등학교 수학 선생님인 이시가미의 이야기다. 외모는 평범하지만 그에게는 뛰어난 두뇌가 있다. 어느 날 그에게 머리를 써야 할 일이 발생한다. 그의 옆집에 살던 여인과 딸이 살인을 하게 된다. 여인의 옛 남편이 찾아와 행패를 부리다가 우발적으로 그렇게 돼버렸다. 평소 이 모녀에게 애정이 있었던 그는 모녀를 구하기 위해 사건에 개입한다.

  시체가 발견되고, 경찰은 조사에 착수한다. 경찰은 정황상 전처인 여인이 범인임을 확신하고 증거확보에 나선다. 그런데 그녀의 알리바이는 확실했다. 그녀일 수밖에 없는데, 그녀는 그 시각 범행 현장에 있지 않고 딸과 함께 영화관에 있었다. 정황상 '범인=여인'이었지만, 증거물은 '범인≠여인'이었다. 모순적인 상황에 빠지고만 경찰은 그녀가 두 군데에 나타난 건 아닐까 하는 우스운 추정도 한다. 1854년 라트비아의 에밀리 사제가 수업 중 갑자기 둘로 나뉘었다는 사실을 언급하면서.

  보통 사람들로 구성된 경찰은 이상하다고 느끼지만 모녀를 건드릴 수 없었다. 이상하게 여긴 것은 경찰만이 아니었다. 모녀도 그랬다. 모녀의 알리바이는 사실이었다. 그러나 범인은 그들이었다. 그럼에도 불구하고 그들은 경찰의 조사망을 거짓말 없이 따돌릴 수 있었다. 그러다 보니 영화를 보는 관람객들도 이상하게 생각한다. 도녀가 범인이었기에, 그들의 알리바이가 거짓일 줄 알았는데 사실이었기 때문이다. 이시가미를 제외한 모든 사람들은 이렇듯 모순에 빠져버린다.

이런 모순적 상황은 의도적으로 연출된 것이다. 연출가는 바로 이시가미였다. 보통 사람과는 차원이 다른 수학자의 개입이 있었던 것이다. 그가 어떻게 했는가는 영화의 끝부분에 가서야 드러난다. 그 순간 그의 연출에 모든 사람들은 압도되고 만다. 상상 못 한 반전이 일어난다.

과학, 완전범죄를 입증하다

〈용의자 X의 헌신〉(2008)은 일본 추리소설의 거장인 히가시노 게이고가 쓴 동명의 소설을 바탕으로 한 일본 영화다. 이시가미의 아이디어는 천재적이어서, 보통 사람들에게 눈에 띄지 않는다. 뭔가 조작되었다는 것조차 전혀 발견되지 않는다. 그렇게만 흘러간다면 영화는 정말 재미없었을 터이지만, 주인공의 조작이 있었음을 조금씩 보여주는 인물이 등장한다. 그는 주인공의 대학 친구였던 과학자 유카와다. 그들은 서로의 가치와 역량을 진정으로 알아봤던 고수들이다.

유카와는 과학자로서 모든 현상에는 원인과 이유가 있다고 믿는다. 그는 미궁에 봉착한 이 사건을 보면서 보통 사람이 아닌 천재성을 지닌 누군가의 개입이 있었음을, 그리고 그 사람이 친구 이시가미임을 직감한다.

과학자로서 그는 모든 상황을 예리하게 관찰한다. 그가 보기에도 여자가 살인범이라는 것은 확실해 보였다. 그러다 그녀의 주변에 이시가미가 있음을 우연히 알게 된다.

뭔가 낌새를 챈 유카와는 술 한 병 들고 이시가미를 불쑥 찾아간다. 17년 만에 만난 그들은 안부를 묻고 술잔을 나눈다. 이때 유카와는 서류 하나를 내밀며 검증을 부탁한다. 리만의 가설이 옳지 않다는 것을 보이는 자료다. 이시가미는 그 자료에 금세 빠지고, 밤새워 검증하여 다음 날 아침 오류가 있음을 지적해준다. 그 말을 들은 유카와는 천재는 여전히 건재하다며 안심한다.

친구 만나러 간 술판에서 그는 왜 수학자료를 내밀며 검증을 부탁했을까? 그것은 이미 검증된 자료일지도 모른다. 그러나 그는 뭔가를 확인하고 싶었다. 친구가 여전히 천재적인지를. 이 장면을 기점으로 사건을 바라보는 유카와의 태도는 달라진다. 이시가미의 개입이 이 사건 뒤에 버티고 있을 것임을 알아챈 것이다.

유카와는 이시가미의 몸짓과 말 하나하나를 놓치지 않고 살폈다. 그러고는 이시가미가 문제의 여주인공을 사랑하고 있음을 깨닫는다. 이시가미와의 만남 이후로 유카와는 보통 사람들의 추리를 넘어서는 추리를 하며 사건의 진실에 다가가게 된다. 퍼즐 맞추듯 인과관계의 고리들을 하나하나 맞춰가며 사건과 음모를 재구성해간다.

수학과 과학의 차이

영화는 수학자와 과학자의 두뇌 싸움으로 전개된다. 그러면서 수학과 과학이 어떻게 차이가 나는가를 잘 보여준다. 지금 우리는 두 학문의 경계가 애매한 시대를 살고 있다. 갈릴레이 이후 과학은 수학화되어 왔고, 수학은 또한 현실적인 응용의 과정에서 과학과 맞닿아 있다. 용도나 목적만으로는 두 학문을 구분하기 어렵다. 그러나 영화를 죽 보면 두 학문의 본질적인 차이를 알 수 있다.

'과학' 하면 뭐가 떠오르는가? 관찰과 실험이 아닌가 싶다. 과학에는 실재하는 어떤 대상이 있다. 그 대상을 관찰하고 실험하여 대상의 이유와 원인을 알아가는 것이 과학이다. 영화에서는 사건과 사건에 대한 음모라는 실재가 먼저 있었다. 과학자인 유카와는 이 현상의 원인을 규명해가려 한다.

수학은 어떤가? 이시가미의 경우를 떠올려보라. 물론 살인사건은 있었다. 그러나 주인공이 생각하는 건 그 사건이 아니라 그 사건을 덮을 음모였다. 현재의 사건이 아닌, 있지도 않았던 어떤 사건을 현실화하는 것이 그의 의도였다. 없던 것을 있게 하도록 머리를 써야 했다.

수학의 대상은 더 이상 실재가 아니다. 수학에서 다루는 수만 보더라도 이를 확인할 수 있다. 맨 처음 만들어진 자연수나 분수는 분명 실제적인 대상을 통해 만들어졌다. 사과 2개, 피자 $\frac{1}{4}$판은 분명 존재한다. 그러나 음수나 허수 같은 수는 다르다. -2개, $3i$라는 대상이 현실에 존재하는 것은 아니다. 이제 수학은 대상과는 아무런 상관 없이 그저 사유 속에서만 존재하는 그 무엇이 되고 말았다.

물론 수학은 현실과 깊은 관계를 맺고 있다. 현실을 통해서 새로운 수학이 등장하기도 하고, 수학을 통해서 새로운 현실이 열리기도 한다. 그러나 그것은 본질적인 관심사도 아니고 필수사항도 아니다. 오히려 현실과 아무런 관계가 없는 경우를 더 자랑스럽게 생각하기까지 한다. 따라서 수학에서는 관찰이란 게 꼭 필요하지 않다. 관찰이 아닌 사유, 사고의 실험이 수학의 핵심이다. 영국 수학자 하디의 말은 현실을 무시하는 수학자들의 이런 경향을 잘 보여준다.

"수학이 실질적으로 쓸모가 있는 경우는 거의 없으며, 설사 있다고 해도 비교적 지루한 것이다. 수학적 정리의 진지함은 실질적 결과에 있는 것이 아니다. 수학에 관한 한 실질적인 결과는 그다지 중요하지 않다. 그 정리와 관련된 수학적 아이디어의 의의에 있다."[16]

보는 대로 사유할래, 사유한 대로 볼래?

대상이 먼저 있다는 것은 사유의 시작에 많은 도움을 준다. 경험해볼 수 있고, 관찰해볼 수 있으니 그에 대한 이야기를 떠올리는 것이 쉽다. 거의 모든 학문이 그렇다. 사회학에는 사회가, 철학에는 사람을 포함한 존재들이, 과학에는 자연이 있다.

수학에는 그런 대상이 없다. 아마 이 점이 수학을 어려워하는 주된 이유일 것이다. 경험할 수 없기에 가늠해보기가 어렵다. 보이지 않기에 답답하고, 만져지지 않기에 느낄 수가 없다. 그래서 수학을 좀더 쉽게 이해하도록 경험적 활동을 도입하려는 움직임이 많다. 수학에 갓 입문한 사람들에게 이런 방법은 아주 효과적이다.

그러나 수학을 경험과 활동만으로 모두 치환하려는 것은 심각하게 생각해봐야 한다. 그것은 가능하지도 않다. 수학에서의 사유란 이미 우리의 현실적 경험을 넘어서 있기 때문이다. 이 점이 수학의 큰 매력이다. 경험만을 좇아서 수학을 한다면 수학의 내용은 제한될 수밖에 없다. 주도권이 경험에 있기에 수학적 사유는 대상을 따라야 하고, 대상에 갇혀 있게 된다.

수학에는 사유의 무한한 자유가 주어진다. 대상이 없기에 사유가 대상에 갇힐 필요가 전혀 없다. 맘껏, 한껏, 능력껏 사유해도 된다. 그런 사유를 기반으로 하여 이시가미는 사건을 뒤덮으며, 새로운 세계를 만들어낼 수 있었다. 보는 대로 사유하는 것이 아니라 사유하는 대로 세상을 보고 필요하면 그것을 만들어버린다.

문제를 바꿔버린 이시가미

이시가미가 살인사건에 어떻게 개입했는가를 살펴보자. 경찰이 미궁에 빠진 이유는 강력한 용의자의 확실한 알리바이 때문이다. 그러나 이 알리바이는 거짓이 아니라 진짜였다. 모녀는 있는 그대로를 말했을 뿐이다. 살인을 했는데도, 살인을 안 한 꼴이 돼버린 셈이다. 이시가미 덕분에.

모녀가 사건의 범인이라는 것은 어쩔 수 없는 사실이다. 수학에서 문제의 답이 하나인 것과 같다. 이시가미는 아무리 숨기려 해도 답은 결국 들통 난다는 것을 알고 있다. 그래서 그는 더욱 큰 그림을 그린다. 모녀를 구하기 위해서는 문제 자체를 바꿔버려야 했다. 결국 그는 모녀가 아닌 다른 사람이 정답인 문제로 이 문제를 바꿔버린다. 즉, 다른 살인으로 모녀의 살인을 대체해버린다. 이로 인해 경찰이 헷갈릴 수밖에 없었다.

수학은 문제를 풀어가는 학문이다. 그러나 수학의 진정한 매력은 풀이보다는 문제 자체에 있다. 풀이는 문제가 존재하면 언젠가는 등장하게 된다. 하지만 문제 없이 풀이가 나올 수는 없다. 그러니 문제야말로 수학을 이끌어가는 선봉장인 셈이다. 1900년의 국제수학자회의에서 수학자 힐베르트가 20세기 수학이 나아가야 할 방향을 제시하기 위해 23개의 풀어야 할 문제를 제시했던 것도 그런 맥락이다. 문

"아무도 풀지 못하는 문제를 만드는 것과
그 문제를 푸는 것 중 어느 게 더 어렵지?
단, 해답은 반드시 존재한다고 치자."

- 〈용의자 X의 헌신〉

제에 따라 수학의 역사도 달라지게 된다. 수학의 역사는 달리 말하면 문제의 역사이다. 이 영화에서도 문제를 푸는 것만큼 문제를 만드는 것이 중요하다는 것을 유카와의 입을 통해서 말한다.

"이시가미, 문제가 하나 생각났어. 아무도 풀지 못하는 문제를 만드는 것과 그 문제를 푸는 것 중 어느 게 더 어렵지? 단, 해답은 반드시 존재한다고 치자."

수학을 풀이의 역사로 보면 수학자들 외에는 접근할 길이 없다. 하지만 수학의 역사를 문제의 역사로도 볼 경우 수학의 폭은 훨씬 넓어진다. 문제를 제기하는 것은 전문적인 수학자가 아니더라도, 일상의 사소한 영역에서 얼마든지 할 수 있다. 사소한 문제로부터 수학의 난제로 발전한 좋은 예가 영화에 소개된다.

4색 문제

수학에는 아직도 풀려야 할 문제들이 많다. 그 가운데 가장 유명한 것이 7가지 밀레니엄 문제다. 각각의 문제에 걸린 100만 달러의 상금도 상금이지만, 문제가 가지는 파급력이나 영향력이 워낙 크기 때문에 많은 주목을 받고 있다. 그런데 이 문제들은 문제 자체를 이해하는 데에도 고도의 수학지식이 필요하다고 한다. 그래서인지 영화에서는 문제들의 이름만 언급될 뿐 자세하게 다뤄지지 않는다. 대신 누구나 쉽게 이해할 수 있는 재미있는 문제가 하나 언급된다. 4색 문제다.

4색 문제란, 인접한 부분을 다른 색으로 칠할 경우 어떤 지도든지 네 가지 색만 있으면 충분하다는 것을 증명하는 것이다. 이 문제는 영국의 지도를 색칠하던 프란시스 구드리가 1852년에 발견하여 스승인

드 모르강에게 물어보면서 수학에 등장하였다. 누구든지 지도에 색칠해본 경험은 있을 것이다. 그러나 색칠하면서 이런 생각을 해본 사람은 드물거나 거의 없지 않을까. 일상의 문제도 얼마든지 수학의 문제가 될 수 있다.

이 문제가 등장하자 수학자들의 시도가 이어졌다. 문제는 쉬웠지만 그것을 증명하는 일은 쉽지 않았다. 많은 수학자들이 쉬운 문제로 생각해 달려들었다가 실패하여 우스운 꼴이 되었다. 또는 완벽한 증명이라고 여겨졌던 증명이 나중에서야 불완전한 것으로 판정되기도 했다. 그러다 1890년에는 다섯 가지의 색으로 칠하는 게 가능하다는 것이 증명되었다. 그러나 여전히 4색의 경우는 증명되지 않았다. 20세기의 간판 수학자인 힐베르트는 그의 저서에서 쉽게 보이면서 어려운 문제로 이 문제를 언급하기도 했다.

이렇듯 증명이 실패하면서 4색 문제를 벗어난 반례라며 유명해진 문제도 있다. 퍼즐이나 재미있는 문제로 유명한 마틴 가드너가 1975년 《사이언티픽 아메리칸》 4월호에 4색으로 칠할 수 없다는 지도를 공개했다. 정말 그러한지 직접 확인해보기를 바란다.

마틴 가드너가 워낙 유명한 사람이었던 탓에 이 지도는 정말 4색 문제의 반례로 여겨지기도 했지만, 4색으로 칠할 수 있음이 증명되었다. 마틴 가드너가 잘못 안 것이 아니라, 만우절을 맞이한 가드너의 장난이었다고 한다. 참 재미있는 사람이다.

4색 문제, 증명된 것인가?

이렇듯 많은 이야기를 만들어낸 4색 문제는 마지막까지 재미있는 이

마틴 가드너가 《사이언티픽 아메리칸》에 소개한 지도

야기를 만들어냈다. 수학자들에 의한 증명이 실패로 돌아가면서, 독일의 수학자 하인리히 헤슈는 흥미로운 제안을 한다. 컴퓨터를 이용하여 증명을 시도해보자는 것이었다. 그의 제안은 1976년 미국에서 아펠과 하켄에 의해서 현실화된다. 컴퓨터가 1200여 시간에 걸쳐 그 증명을 완성한 것이다. 4색 문제는 컴퓨터에 의해 증명된 최초의 문제라는 영예(?)를 얻게 되었다.

   어떤 방식이었기에 컴퓨터를 활용해야 했는지 알아보자. 기본적인 원리는 직접 칠해보는 것이다. 네 가지 색만으로 칠할 수 있다는 걸 직접 보여주는 것이다. 너무 허무한 방식 아닌가? 그런데 조금 생각해보면 이 방법이 가능할까라는 의문이 든다. 왜냐하면 지도를 그릴 때 나올 수 있는 모양은 무한하기 때문이다. 일일이 검증한다고 해도 무한한 경우를 검증하는 것은 불가능하다.

그런데 당사자인 아펠과 하켄은 그렇게 생각하지 않았다. 그들은 비록 무한한 경우의 지도가 가능하지만, 그 모든 지도들을 구조적으로 사유한다면 무한한 경우를 유한한 경우로 한정할 수 있음을 보였다. 그들은 487개의 규칙을 통해 무한한 경우를 1936개의 유한한 모양으로 축소했다. 그리고 컴퓨터를 통해 각 경우가 4색으로 칠해진다는 걸 보임으로써 증명을 한 것이다. 모든 경우를 몇 가지 경우로 축소시킨 후 각 경우를 하나하나 직접 해본 것이다. 대단한 사유 아닌가?

무한한 경우 —487개의 규칙→ 1936개의 유한한 경우 —각 경우를 색칠→ 증명 완료

이렇게 결론이 난 문제를 이시가미는 대학교 때부터 물고 늘어졌다. 이유는 간단하다. 그 증명이 아름답지 않다는 것이다. 그는 하나하나 검증해본 그 증명법이 아닌 보다 간결하고 아름다운 증명법을 찾고 있었다. 이런 문제의식은 수학자들 사이에서 실제로 있었다. 컴퓨터에 의한 증명을 인정할 것인가의 여부도 문제였다. 컴퓨터 진행과정에 오류가 있었는지의 여부도 증명되어야만 하기 때문이다. 그렇더라도 하나하나 직접 칠하면서 증명했다는 것은 우리가 보기에도 세련돼 보이지는 않는다.

현실은 수학의 토대

이시가미는 왜 자기와 상관도 없는 살인사건에 그토록 헌신적으로 매달렸던 것일까? 살인사건에 연루돼서 주인공에게 이로울 것은 눈곱

만큼도 없다. 시간 뺏기지, 경찰들의 심문에 응해야지 번거롭고 귀찮아질 뿐이다. 방안에 처박혀서 4색 문제나 풀고 있으면 될 터인데. 주인공은 왜 그랬을까?

이유는 그녀를 사랑했기 때문이다. 그는 그 자신보다 그녀를 더 아끼고 사랑했다. 그랬기에 헌신할 수 있었다. 이시가미의 삶은 정말 팍팍했다. 그는 어려운 가정환경으로 학자로서의 삶을 접고, 교사로 살아야 했다. 그는 수학이 학생들로부터 무시당하고 외면당하는 것을 목격해야 했다. 수학에 대한 그의 사랑을 받아줄 곳은 없었다. 현실은 그에게 아무런 의미가 없었다. 견디다 못한 그는 결국 자살을 감행하려 했다.

이때 그녀가 등장한다. 영화는 늘 그렇게 극적이다. 그녀의 등장으로 자살은 잠시 중단된다. 그리고 무기한 연기된다. 옆집에서 들려오는 모녀의 웃음소리에 이시가미는 삶의 불씨를 지핀다. 수학을 도독하고 짓밟기만 하던 현실이 주인공에게 색다른 의미를 띠게 된다. 이런 사정이 있었기에 그는 살인사건으로부터 모녀를 구해주려 했던 것이다.

이시가미는 앉아서도 멀리 내다볼 수 있는 머리를 가졌다. 하지만 그의 지성은 그의 삶과 함께 끝날 뻔했다. 그걸 되살려준 것은 그가 벗어나고자 했던 현실이었다. 현실은 이처럼 삶을 지탱해주는 터전이다. 그 터전이 굳건할 때 삶도, 지성도 풍성하게 발휘될 수 있다. 수학도 현실을 바탕으로 출발했고, 현실을 통해 지평을 넓혀왔다. 그러니 현실을 사랑하고, 현실과 더불어 즐거운 삶을 살아갈 수 있다는 것은 축복이다. 머리 좋은 새는 앉아서도 멀리 본다. 하지만 머리만 좋은 새는 앉아만 있다가 굶어 죽고 만다.

문제를 못 풀면 내가 죽는다!

• 페르마의 밀실 •

"소수가 뭔지 알아? 소수를 모른다면 여기 있을 필요가 없지.
1742년, 수학자인 크리스찬 골드바흐는 짝수는 두 개의 소수를 합한 숫자란 걸 알아냈어."

'2보다 큰 모든 짝수는 두 소수의 합이다.'(골드바흐의 추측)

젊고 예쁜 여대생들에게 둘러싸인 청년이 골드바흐의 추측을 설명하고 있다. 그가 18=7+11, 24=5+19, 50=13+37이라며 추측이 옳음을 보이자, 여대생들이 100과 1000을 제시한다. 그러자 그는 100=83+17, 1000=521+479이라며, 모든 짝수는 이렇게 두 소수의 합으로 표현 가능하다는 것을 즉시 보여준다.

〈페르마의 밀실〉(2007)은 이렇게 시작된다. 이 영화의 주 무대는 어느 방이다. 여기에는 네 명의 수학자가 모여 있다. 이들은 세계 최대의 난제를 풀기 위한 수학자들의 모임에 초대받은 사람들이다. 그런 모임인 줄만 알고 왔는데, 실상은 밀실이었다. 더구나 보통 밀실이 아니었다. 거대한 압축기에 의해 방이 계속 줄어들며 생명을 위협하는 몹쓸 방이었다. 갑작스런 봉변에 그들은 당황한다. 살아남기 위해서는 주어지는 문제들을 풀어내 압축기를 멈추게 해야 한다. 이들은 목숨을 걸고 수학문제들을 풀어나가며, 그들이 처한 곤혹스러운 문제 또한 해결해가려고 한다.

이 밀실은 수학자의 집착이 만들어낸 방이었다. 문제의 해법에 대한 집착으로 인해 이 방은 계획되고, 만들어지고 움직여간다. 집착이라는 정신적인 힘에 의해 그 모든 세계가 창조된 것이다. 수학자들의 집착이 상상 이상임을 보여주는 방이다. 영화는 작은 밀실, 몇 명의 등장인물, 문제와 풀이 등의 단순한 구성으로 전개된다. 그럼에도 긴장감과 속도감 있는 전개와 간간이 나오는 수학 농담이 흥미롭고, 음모자가 누구일까 추리해가는 재미가 쏠쏠하다.

이것저것 계산해보다 등장한 골드바흐의 추측

이 추측은 1742년에 골드바흐가 제기한 이래 아직까지 풀리지 않은 난제다. 이 추측은 한 통의 편지로부터 시작되었다. 짝수를 놓고 다양한 계산을 해보던 그는 '2보다 큰 모든 정수는 세 소수의 합으로 표현 가능하다'고 추측하고 그것을 오일러에게 문의했다. 여기서 3 이상의 모든 수를 대상으로 한 것은 1을 소수에 포함시켰기 때문이다. 그 경우 $3=1+1+1, 4=1+1+2, 5=1+2+2=1+1+3$으로 나타낼 수 있다.

오일러는 이 추측을 검토했다. 그는 모든 수를 짝수와 홀수로 나누어서 생각해봤다. 그리고 1을 소수에서 제외시켰다. 그 결과 골드바흐가 제기한 추측을 짝수와 홀수의 두 가지 경우로 나눠 다시 제시할 수 있었다.

첫 번째는 '7 이상의 모든 홀수는 세 개의 소수의 합으로 표현 가능하다'(약한 골드바흐의 추측)이다. 1이 소수에서 제외되자 3(3=1+1+1)과 5(5=1+1+3, 5=1+2+2)도 세 소수의 합으로 나타낼 수 있는 대상에서 제외됐다. 그래서 7 이상의 홀수부터가 된 것이다. 두 번째 추측은 '2보다 큰 모든 짝수는 두 소수의 합으로 표현 가능하다'(강한 골드바흐의 추측)로 골드바흐의 추측으로 알려진 것이다. 이 추측에 '강한'이라는 수식어가 붙은 이유가 있다. 이 두 번째 추측이 옳다고 증명되면, 첫 번째 추측은 자연스럽게 옳은 것이 되기 때문이다.

모든 홀수는 짝수와 또 다른 홀수의 합으로 나눌 수 있다. 그렇게 나눌 수 있는 경우의 수는 한 가지가 아니라 수에 따라 다양하다. 그런데 5보다 큰 모든 홀수는 반드시 3과 짝수의 합으로 나눠질 수 있다.

$$5 \qquad\qquad\qquad = \mathbf{3+2}$$
$$7=5+2= \qquad\qquad = \mathbf{3+4}$$
$$99=9+90=43+56=\cdots = \mathbf{3+96}$$
$$4321=21+4300=\cdots \quad = \mathbf{3+4318}$$

여기서 2와 3은 이미 소수이다. 고로 5는 이미 두 소수의 합으로 표현됐다. 그리고 7 이상의 홀수는 소수인 3과 4 이상의 짝수의 합이 된다. 그런데 만약 4 이상의 짝수가 두 소수의 합으로 표현된다면 7 이상의 모든 홀수는 세 소수의 합이 돼버린다. 즉, 강한 골드바흐의 추측이 사실이면, 약한 골드바흐의 추측 또한 사실이 되는 것이다.

2보다 큰 모든 짝수 = 소수 + 소수　　: 강한 골드바흐의 추측
↓
7 이상의 모든 홀수 = 3 + 2보다 큰 짝수 : 약한 골드바흐의 추측
= 소수 + (소수 + 소수)

반대의 경우는 어떨까? 만약 약한 골드바흐의 추측이 사실이라면 강한 골드바흐의 추측 역시 사실이 되는 걸까? 7 이상의 모든 홀수를 세 소수들의 합으로 나타낼 수 있다고 하고 확인해보자.

9 = 3+3+3
11 = 3+3+5
29 = 3+7+19
91 = 5+43+43
⋮

7 이상의 홀수를 세 소수의 합으로 나타내더라도 모든 짝수를 두 소수의 합으로 나타낼 수 있다는 것을 보일 수는 없다. 두 소수를 더해 짝수를 만들 수는 있지만, 모든 짝수를 그렇게 할 수 있는지의 여부를 증명할 수는 없다

골드바흐의 추측을 증명하라!

이 추측에 대한 수학자들의 도전이 시작됐다. 골드바흐의 추측을 재정리한 당사자인 오일러는 이 추측이 옳을 것이라고 확신했다. 그렇

지만 그도 증명하는 데는 실패했다. 도전은 계속 이어졌지만 아직까지도 이 추측에 대한 결론은 나지 않았다. 그렇다고 아무런 성과가 없었던 것은 아니다.

누구나 쉽게 해볼 수 있는 것은 이 추측이 성립되지 않는 반례를 찾아보는 것이다. 단 하나의 반례여도 충분하다. 오랫동안 반례를 찾기 위한 시도가 이어졌으나 지금까지의 결론은 이 추측이 옳다는 것뿐이다. 1998년에 슈퍼컴퓨터를 이용하여 400조까지의 수에서는 이 추측이 성립한다는 것을 확인했다.

골드바흐의 추측에 근접하는 연구성과도 있었다. 1930년 러시아의 수학자가 4보다 큰 짝수를 20개 이하의 소수의 합으로 표현할 수 있다는 것을 증명하였고, 1937년 러시아의 또 다른 수학자가 충분히 큰 홀수에서는 세 개의 소수의 합으로 표현 가능하다는 것을 증명하였다. 중국의 수학자 첸 징런은 2보다 큰 모든 짝수는 하나의 소수와 하나의 합성수의 합으로 표현 가능하다는 것을 증명으로 밝혀냈다.

이 추측에 대한 증명은 여전히 진행형이다. 이는 소수에 대한 연구가 여전히 진행형이라는 사실과 밀접한 관련이 있다. 소수라는 존재가 확실해지는 만큼, 이 추측에 대한 증명 역시 실마리를 찾을 수 있을 것이다.

상상에서 추측으로, 법칙으로

골드바흐는 어쩌다 이런 추측을 하게 됐을까? 소수를 소수(素數, prime number)라고 부르는 이유는 소수가 모든 수의 바탕이 되기 때문이다. 모든 수는 소수와 소수의 곱에 의해 만들어지는 합성수로 나번다. 즉 소수와 소수에 의해서 만들어지는 수로 분류된다. 그러므로 소수만 있으면 모든 수를 만들어낼 수 있다. 그래서 소수를 바탕수라고도 한다.

그러나 이런 구분은 곱셈을 기준으로 한 것이다. 덧셈을 기준으로 해서도 모든 수를 소수들의 합으로 나타낼 수 있을까? 골드바흐는 이런 상상을 해본 것이 아닐까? 모든 수를 소수들의 덧셈의 형태로도 표현 가능하다면 정말 소수는 바탕수라고 불려 마땅하다. 이런 상상 속에서 골드바흐가 몇 개의 수들을 시험해봤을 수도 있다. 아니면 그냥 몇 개의 수들을 다른 수들의 합으로 쪼개보는 장난을 해보다가 이 같은 추측으로 나아갔을지도 모른다. 장난이 추측이 되고, 추측이 법칙으로 발전하고 있다

골드바흐의 추측은 수에 대한 한 개인의 상상으로부터 시작됐다. 이 상상이 다른 사람들의 호기심을 자극해 꼬리에 꼬리를 물며 수학의 난제로 자리 잡았다 아무도 풀지 못했기에 이 문제를 정복하면 최고의 자리를 차지할 수 있다. 그러나 엄청난 위험성 또한 존재한다. 잘못하면 이 문제에 자신의 모든 시간과 에너지를 빼앗긴 채 아무것도 남기지 못하고 별 볼일 없는 인생으로 끝날 수 있다.

문제를 향한 불 같은 열정

수학자들에게 문제란 밥줄과도 같다. 문제를 통해 자신의 지적인 능력을 드러내고 평가를 받는다. 풀면 살고 못 풀면 죽는다. 불길을 향해 달려드는 불나방처럼 수학자들은 문제에 달려든다. 그래서 수학자들은 수학문제에 집착할 수밖에 없다. 누구도 밟아보지 못한, 누구도

상상하지 못한 미지의 세계를 열기 위해 문제에 미칠 수밖에 없다. 그러다 정말 미치는 수학자가 되기도 한다.

게오르그 칸토어, 쿠르트 괴델, 유타카 다니야마라는 수학자들이 그런 사람들로 이 영화에서 소개된다. 이들은 모두 천재 수학자였고 미친 수학자였다. 병원에서 미쳐 죽고, 굶어 죽고, 자살해 죽었다. 카르다노라는 수학자는 자신의 죽는 날을 예언한 괴짜였는데 예언을 이루기 위해서 자신이 말한 그날 자살했다고 한다.

이 영화는 문제를 둘러싼 수학자들의 이런 복잡한 심리와 갈등을 잘 보여준다. 밀실에서 일어나는 모든 일들은 골드바흐 추측으로 인한 것이었다. 이 추측을 증명하는 데 평생을 바쳤으나 새파랗게 젊은 수학자 때문에 모든 노고가 물거품이 되어버린 수학자의 질투와 분노가 원인이었던 것이다. 그런데 알고 보니 그 젊은 수학자는 수학자로서의 영광을 노리고 거짓말을 한 것이었다. 한 사람은 영광을 갈구하다 미치고, 또 한 사람은 영광을 빼앗긴 분노에 미친 것이다.

세 딸의 나이를 맞춰라!

영화에서 문제는 끊임없이 쏟아진다. 한 문제를 해결하면, 또 다른 문제가 이어진다. 대부분의 문제에는 설명이 뒤따르지만 그중 설명 없이 지나가는 문제가 있다. 바로 세 딸의 나이를 맞추는 문제다.

한 학생이 선생님에게 물었다. "따님 세 분의 나이가 몇 살인가요?" 선생님이 "곱하기를 하면 36이고, 더하기를 하면 너희 집주소다"라고 대답했다. 그러자 학생이 설명이 빠졌다고 되물었다. 선생님은 "그렇구나, 제일 큰 아이는 피아노를 친단다"라고 또 대답했다. 딸 세 명의 나이는 각각 몇 살일까?

　아무리 문제를 읽어봐도 주어진 조건만으로는 답을 알아맞히는 게 불가능해 보인다. 뭔가 부족한 느낌이다. 세 딸의 나이 (x, y, z)를 구하려면 최소한 식이 세 개가 있어야 한다.

　문제에서 제시된 세 개의 조건을 수식으로 바꿔보자. $xyz=36$, $x+y+z=?$ 식으로 고쳐보니 식은 두 개, 그중 하나마저도 불완전한 식이다. 해를 정확하게 알아낼 수 없는 부정방정식(不定方程式, indeterminate equation)이다. 하지만 이런 방정식들도 적절한 조건을 교묘하게 이용하면 해를 구할 수 있다. 이 문제의 경우 x, y, z는 자연수여야 한다. 나이를 가리키기 때문이다. 이걸 이용하는 것이 이 문제 풀이의 관건이다.

　$xyz=36$을 만족하는 하나의 해를 알아낼 수는 없다. 그러나 어떤 것들이 답이 될 가능성이 있는지는 알아낼 수 있다. 곱해서 36이 되는 자연수의 경우를 조사해보자.

(x, y, z)	(1, 1, 36)	(1, 2, 18)	(1, 4, 9)	(1, 3, 12)	(1, 6, 6)	(2, 2, 9)	(3, 3, 4)	(2, 3, 6)
x+y+z	38	21	14	16	13	13	10	11

　여기서 $x+y+z$가 너희 집주소와 같다는 힌트가 도움이 될지의 여부를 살펴보자. 학생의 집주소는 주어지지 않았으나 학생과 선생님은 알았을 것이다. 위 결과를 눈여겨보면 $x+y+z$의 값이 같은 경우가 딱 두 개다. (1, 6, 6)과 (2, 2, 9). 만약 학생의 주소가 13이 아니라면 학생은 금방 답을 알아챌 수 있었을 것이다. 그 경우가 딱 하나이기 때문에. 하지만 학생은 설명이 더 필요하다고 했다. 왜? 학생의 집주소

가 13인데, 13이 되는 경우가 둘이었기 때문이다. 따라서 (1, 6, 6)과 (2, 2, 9) 중에서 큰 애가 피아노를 친다는 힌트를 참고 삼아 하나를 결정해야 한다.

  답은 (2, 2, 9)의 경우다. (1, 6, 6)의 경우 첫 아이가 쌍둥이이기에 큰 애라고 명확하게 구분할 수 없기 때문이다. 따지고 보면 이 부분이 좀 애매하다. 나이가 같다고 해서 꼭 쌍둥이란 법은 없다. 나이가 같은 형제도 있다. 생일이 1월과 12월인 경우가 그렇다. 게다가 쌍둥이라고 하더라도 우리의 경우는 형, 동생을 구분하지 않는가? 의도는 알겠지만 엄밀하다는 수학의 체면에 어울리지 않는다. 영화이니 가볍게 웃고 넘어가자.

안전벨트가 안전하지 않다?

수학적 아이러니를 통해 웃음을 주는 장면도 있다. 밀실에서 빠져 나간 페르마가 차 안에서 경찰과 대화를 나눈다. 걸려온 전화를 받지 않으며 페르마가 말한다. 운전 중에는 안전을 위해 전화를 받지 않는다고. 그러자 경찰이 안전벨트를 매지 않은 그에게 말한다.

  "고속도로에서 사망한 28%의 사람들이 선생님처럼 안전벨트를 안 매서 사망했다는 걸 아십니까?" 안전벨트의 중요성을 강조하고자 경찰이 수치를 들어 이렇게 설명한다. 경찰은 아마 '그렇군요. 안전벨트를 매겠습니다'라는 대답을 기대했을 것이다. 그러나 페르마는 웃으면서 의외의 대답을 한다.

  "그 말은 72%의 사람이 벨트를 맨 채 죽었다는 거군요."

  안전벨트를 매고 죽은 사람이 72%로 안 매고 죽은 사람의 비율보다 훨씬 높다는 것이다. 그 말은 들은 경찰은 아무 말도 못 하고, 장난하냐는 듯한 투로 물끄러미 쳐다본다. 얼핏 들으면 페르마의 이야기가 맞는 것 같다. 안전벨트를 맨 채 죽은 사람의 비율이 훨씬 높지 않은가? 그렇다면 안전벨트를 안 매는 편이 더 나은 것일까? 확률에 관한 정확한 지식이 없으면 그의 이야기에 말려들 수도 있다.

페르마도 그렇지 않다는 걸 알고 있었을 것이다. 그냥 웃자고, 조금 유식한 장난을 쳐본 것일 테다. 안전벨트를 매는 것의 안전성을 확인해보려면 실험을 달리 해야 한다. 즉, 안전벨트를 매는 경우와 매지 않는 경우 사고에서 사망할 경우를 조사해야 하는 것이다. 그래야 매는 경우와 매지 않는 경우의 안전성을 비교할 수 있다. 이럴 땐 아는 게 힘이다.

과일 쌓기 문제

영화상에서 살짝 언급되고 지나가지만, 수학의 역사에서 중요하게 다뤄진 문제도 있다. 식탁 위에 쌓여 있는 오렌지를 보면서 케플러의 이름이 등장한다. 요하네스 케플러는 행성의 궤도가 원이 아니라 타원임을 밝혀낸 독일의 천문학자다.

케플러는 '구 모양을 어떻게 쌓아야 가장 많이 쌓을 수 있을까?'를 고민했다. 지인으로부터 의뢰받은 이 문제는 원래 어떻게 하면 배에 포를 많이 쌓을 수 있는지를 알아보기 위한 것이었다. 케플러는 두 가지 배열을 제안했으나 증명하지는 못했다.

그가 제시한 답은 특별한 게 아니었다. 과일을 쌓을 때 일상생활에서 흔하게 사용되는 것이다. 두 가지 배열은 다음 그림과 같다. 하나는 일렬로 나란히 배열해가는 것이고, 다른 하나는 정삼각형 모양으로 배열해가는 것이다. 그는 이 두 방법이 본질적으로는 동일한 배열이라고 보았다. 1611년 소논문인 「육각형 눈송이에 관하여」에서 언급한 이것이 바로 케플러의 추측이다.

케플러의 추측은 답이 답임을 증명해 보이는 것이다. 이렇듯 수학에서는 어떤 사실에 대한 이유와 근거를 문제로 삼는 경우가 많다. 그것도 일상적으로 흔한 사실이나 방법에 대해서. 괜히 긁어서 부스럼 낸다고 볼 수도 있지만, 달리 보면 당연하게 여겨지는 우리의 경험과 추측에 대해 문제를 제기하는 것이다.

이 추측 역시 골드바흐의 추측처럼 수많은 수학자들의 도전을 받았으나, 등장한 지 수백 년이 지난 1998년에 이르러서야 증명되었다. 토머스 헤일스라는 사람이 컴퓨터를 이용하여 증명했는데, 그 과정에 오류가 있었는지의 여부가 아직 확인되지 않았다.

공간의 효율을 어떻게 나타낼까?

어느 방법이 더 많이 쌓을 수 있는 방법인지는 어떻게 확인할 수 있을까? 공간의 효율을 어떻게 보여줄 수 있을까? 이에 대한 수학적 모델 정도는 우리가 이해하고 넘어갈 필요가 있다. 3차원은 복잡하니 2차원 평면을 동일한 원으로 채우는 문제로 축소시켜 생각해보자.

어떤 모양이든 규칙적인 모양이라면 우리는 반복되는 최소한의 공간을 선정해서 그 공간의 효율성을 따져볼 수 있다. 케플러가 제안한 두 가지 배열의 맨 아랫줄 부분만을 고려해보자. 각각의 배열에서 반복되는 최소한의 공간을 선정하면 다음과 같다. (최소한의 공간을 달리 잡을 수도 있다. 왼쪽의 경우는 정사각형을 대각선으로 나눈 이등변삼각형으로, 오른쪽의 경우는 정육각형 하나를 구성하는 여섯 개의 정삼각형 중 하나로 잡아도 된다.)

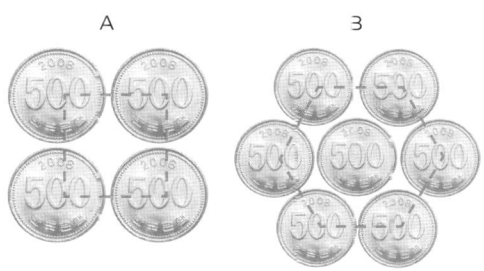

이때 효율성이란 각 경우 전체 공간에서 동전 모양이 차지하고 있는 비율이 된다. 즉, 동전이 실질적으로 차지하고 있는 넓이의 비율이 공간의 효율성이 되는 것이다. 동전의 반지름을 r이라 하고 넓이를 이용해 효율성을 계산해보자.

$$A의\ 효율 = \frac{원의\ 1/4조각 \times 4개}{정사각형의\ 넓이} = \frac{\pi r^2}{(2r)^2} \fallingdotseq 0.785$$

$$\text{B의 효율} = \frac{\text{원 1개} + \text{원 1/3조각} \times 6\text{개}}{\text{정육각형의 넓이}} = \frac{3\pi r^2}{6\sqrt{3}r^2} \fallingdotseq 0.9073$$

평면의 경우 A처럼 쌓으면 약 78.5%의 공간을 활용하는 것이고, B처럼 쌓으면 약 90.7%의 공간을 활용하는 것이 된다. B의 경우가 더 효율적이다.

왜 제목이 '페르마'의 밀실이지?

그런데 영화 제목이 왜 '페르마의 밀실'일까? 극중에 페르마는 등장하지만 그다지 비중 있는 역할을 하지 않는다. 그런데도 영화 제목에 그의 이름이 들어간다. 비밀은 페르마라는 실존 인물의 행적에 있다.

페르마는 17세기 프랑스의 아마추어 수학자였다. 본 직업은 수학자가 아니었다. 법조계에서 일하는 그에게 수학은 취미이자 머리를 식히는 심심풀이 땅콩과도 같은 것이었다. 그러나 실력은 당대 최고봉이었다. 그런 그가 즐기던 놀이가 있었다. 그 놀이로 인해 동시대 수학자들이 무척 애를 먹었다고 한다.

페르마는 수학을 공부할 때 제시된 문제만 푼 것이 아니었다. 문제를 풀면서 그것과 관련된 새로운 문제를 생각해보고, 그 문제에 대해 스스로 답을 구해보았다. 그런 식으로 새로운 정리들을 많이 발견해 냈다. 그러고는 그의 결론을 다른 직업적 수학자들에게 알려주며 자기가 한 걸 해보라고 부추기고는 했다. 최고 실력의 숨은 고수가 낸 문제였으니 전문적 수학자라는 사람들은 그 문제로 인해 많은 고초를 겪어야만 했다. 아마 '그런 것도 못하면서 수학자냐?'라는 비아냥도 들었을 것이다. 그걸 바라보는 페르마의 기분은 어땠을까?

이 영화에서 등장인물들은 수학문제가 동봉된 편지를 받은 후 수학자 모임에 초대된다. 그리고 초대된 장소에서 여상치 못한 문제에 빠지게 된다. 과거에 페르마가 편지를 통해 수학자들에게 문제를 내서 골탕 먹였던 상황과 아주 비슷하다. 사람들을 초대해 낭패에 빠트린 '밀실'이 수학자들을 골탕 먹인 페르마의 문제였던 셈이다. 수학자들에게 주어진 문제에만 집착하다가는 신세를 망칠 수도 있다는 걸 페르마는 말하고 싶었던 게 아닐까!

누구보다
문제를 빨리 풀어야 한다

• 페르마의 마지막 정리 •

'수학 최후의 수수께끼가 풀리다'《가디언》

'페르마의 마지막 정리가 드디어 해결되다'《르몽드》

'유서 깊은 수학의 미스터리, 마침내 유레카의 함성이 터지다'《뉴욕타임스》

1993년 6월 21일 영국의 케임브리지 대학에서 진행된 한 수학자의 강연을 묘사한 신문들의 머리기사다. 이 강연에는 많은 사람들이 모여들었다. 'I think I'll stop there(이쯤에서 끝내는 게 좋겠습니다)'라며 강연을 마치자 청중은 박수로 화답했다. 수백 년을 끌며 수학자들을 골탕 먹인 난제는 그렇게 풀리고야 말았다.

그는 단번에 유명한 수학자가 되었고《피플》지가 선정한 '올해의 인물 25인'에 포함되었다. 심지어 신사복 광고모델을 요청받기도 했다. 수학자였지만, 수학계를 넘어선 대단한 명성을 얻었다. 한 수학자의 강연이 20세기 말의 떠들썩한 사건으로 여겨지는 진풍경이 벌어졌다. '모듈 형태, 타원 방정식, 그리고 갈루아 군의 나툼'이라는, 제목도 이해가 안 되는 이 강연이 주목을 받았다는 게 오히려 미스터리다

〈페르마의 마지막 정리〉(1996)는 이 사건의 주인공인 앤드루 와일즈와 페르마의 마지막 정리를 다룬다. 이 강연의 내용과 의미를 조목조목 설명하며 왜 그토록 사람들이 난리법석을 떨었는지 관련자들의 증언을 통해 생동감 있게 전해준다.

"수학을 한다는 것은 컴컴한 집안에 들어가는 것과 같습니다. 맨 처음 방에 들어갈 때는 어둡죠. 발을 헛디디며 가구에 부딪히기도 합니다. 하지만 점점 가구들이 어디 있는지 알아갑니다. 6개월 정도 지나면 결국 전등 스위치를 찾아 켜게 됩니다. 그러면 모든 것들이 환해지면서 어디에 뭐가 있었는지 확실하게 알게 됩니다."

첫 장면에서 앤드루 와일즈가 한 말이다. 자신이 걸어온 길을 시적으로 표현하는 그의 모습은 순수한 소년을 닮았다. 때로는 울컥하며 말을 잇지 못하기도 한다. 하지만 본격적인 이야기로 들어가면 그는 진정한 수학자가 된다. 문제를 놓고 사투를 벌이는 수학자! 누구보다 '먼저' 그걸 풀어내기 위해 서슴지 않고 꼼수도 부리는 수학자!

메모, 이야기가 되다

페르마의 마지막 정리는, 페르마가 디오판토스의 책 『산술(Arithmetica)』을 보다가 여백에 짧게 남긴 정리이다. 피타고라스의 정리를 뜻하

는 $x^2+y^2=r^2$은 수론 입장에서 보면 하나의 제곱수를 두 개의 제곱수로 쪼갤 수 있다는 것이다. $5^2=4^2+3^2$. 그러나 모든 제곱수가 그렇다는 말은 아니다. 피타고라스의 정리가 직각삼각형의 경우에만 성립하듯이 특정 제곱수에 한해서만 성립한다.

페르마는 이 식을 보면서 세 제곱수 이상에 대해서도 생각해봤다. 하나의 세 제곱수를 세 제곱수 두 개의 합($x^3+y^3=r^3$)으로, 하나의 네 제곱수를 네 제곱수 두 개의 합($x^4+y^4=r^4$)으로 쪼개는 것이 가능할까? 페르마는 세 제곱수 이상에서 그렇게 되는 경우가 없다는 정리를 증명 없이 남겨놨다. 즉, n이 3 이상일 경우 $x^n+y^n=r^n$을 만족시키는 해는 없다고 단언했던 것이다. 이 메모는 수백 년에 걸친 도전에도 불구하고 결론이 나지 않았다. 그래서 페르마의 마지막 정리로 불리게 되었다.

이 정리에 도전하려면 그야말로 배짱이 있어야 한다. 도전의 결과는 극과 극이 될 수밖에 없다. 역사에 이름을 남기거나 아무런 흔적도 없이 사라지거나. 와일즈의 이야기처럼 아무것도 보이지 않는 집안으로, 겁도 없이 들어가는 것이다. 그러니 배짱이 없이는 감히 이 문제에 도전할 수 없다.

와일즈는 결국 성공했다. 그렇지만 그 과정은 길고 복잡했다. 열 살 때 이 문제를 정복해보겠다는 순진한 꿈을 꿨지만, 그 꿈을 제쳐두기도 했다. 케임브리지 대학의 지도교수가 당시의 주류 수학을 하도록 격려해 그렇게 하기도 했다. 훗날 그는 이 문제 앞에 다시 서게 된다. 그리고 자신의 꿈을 떠올리고 결단한다. 다른 일을 다 접고 오직 이 문제에 집중하기로. 이때 그가 택한 전략은 철저히 혼자서 은밀하게 진행한다는 것이었다. 그러기를 7년, 7년의 싸움 끝에 와일즈는 증명을 손에 들고 세상에 모습을 드러냈다.

끝나지 않은 이야기

그러나 그의 증명으로도 페르마의 마지막 정리는 끝나지 않았다. 맨 마지막 장면에서 와일즈는 이 증명이 20세기의 증명이고, 페르마는 이런 증명을 할 수 없었을 것이라고 말한다. 페르마가 정말 증명을 완성했다면, 페르마의 증명은 와일즈의 증명과 달랐을 수밖에 없다. 와일즈의 증명은 현대수학의 기법을 동원한 것으로 매우 길고 어려웠다. 그의 증명을 이해한 사람이 열 명도 안 된다는 이야기가 있을 정도였다.

와일즈 증명의 핵심은 일본의 두 수학자가 내놓은 추측을 증명하는 것이었다. 다니야마-시무라의 추측이 그것인데, 유타카 다니야마와 고로 시무라가 제안한 것이다. 1955년 도쿄에서 개최된 국제수학회를 통해 소개됐다. 와일즈는 이 추측이 참이면 페르마의 마지막 정리 역시 참이 된다는 것을 보이는 방식으로 증명했다. 전혀 관련이 없는 두 개의 영역에 다리를 놓았고, 그러기 위해서 현대적 기법을 동원해야만 했다.

와일즈의 증명이 현대수학에서 큰 의미가 있는 것도 바로 이러한 점 때문이다. 그의 증명은 20세기 최신 수학이 총동원되었을 뿐만 아니라 이질적인 분야를 하나로 묶은 대통일 수학이었다. 그래서인지 그가 발표한 증명은 검증의 과정에서 오류를 드러낸다. 이 오류를 수정하는 것 또한 쉽지 않았다. 사람들은 페르마의 마지막 정리가 다시 미해결 난제로 남을 것이라고 추측하기도 했다. 그러나 와일즈는 2년에 걸친 싸움을 통해 오류를 수정하고 완벽한 증명을 내놓게 된다.

숱한 이야기가 모인 페르마의 마지막 정리

이 정리의 기본 수식은 피타고라스 학파로부터 만들어졌다. 그러나 이 정리의 기본 내용은 고대 그리스 이전의 다른 문명에서도 이미 알고 있었다. 직각삼각형의 길이관계에 대한 지식은 메소포타미아나 중국이나 인도에서도 발견되었다. 그만큼 이 문제는 역사적이고 보편적인 것이었다.

피타고라스의 정리는 이후 다양한 변화와 확장을 거치게 된다. 다양한 증명법이 등장하는가 하면, 닮은 도형으로 확장되어 적용되기도 했다. 페르마 역시 그런 놀이를 즐기던 사람 중 하나였다. 페르마의 마지막 정리는 이처럼 수천 년의 수학적 전통과 지식의 바탕 위에 핀 꽃이었다.

이 정리는 많은 수학자들의 도전을 받는 과정에서 더 유명해진다. 그러나 밀물처럼 쏟아졌던 관심이 썰물처럼 빠지기도 했다. 풀리지 않아, 어쩌면 증명이 불가능할 것이라 여겨졌기 때문이다. 이때 이 정리에 대한 관심을 다시 불러일으킨 사람이 있었다. 독일의 한 사업가에 의해서였다.

누군가의 목숨을 살려낸 수학

1908년 독일에서 이 정리의 증명에 10만 마르크라는 막대한 상금이 내걸린다. 그러자 이 정리에 대한 사람들의 관심과 시도가 다시금 살아나기 시작했다. 문제도 풀고 상금도 받고자 했다. 이 상을 제정한 사람은 볼프스켈인데, 그는 100년 후인 2007년까지를 유효기간으로 정했다.

그가 상을 제정하게 된 사연은 무척이나 낭만적이었다. 그는 한 여인을 열렬히 사랑했으나 사랑의 여신은 그 사랑을 허락하지 않았다. 그는 그 여인으로부터 실연을 당한다. 상처가 너무 컸던 탓인지 그는 자살을 결심한다. 자살 예정시각을 정해놓고, 신변을 정리하면서 시간을 보내려고 했다. 그런데 할 일을 다 마치고도 시간이 남았다. 먼저 죽을 수도 없던 그는 남는 시간에 다른 뭔가를 하게 되는데, 그게 바로 페르마의 마지막 정리에 관한 어느 논문을 살펴보는 것이었다.

문제는 여기서 발생한다. 그는 논문을 살펴보던 중에 오류를 발견한다. 누군가의 주장에 감춰진 오류를 찾는다는 것은 무척 짜릿한 일이다. 그는 그 작업에 빠져들었고 너무 몰입한 탓인지 자살 예정시각을 놓치고 만다. 시계를 돌릴 수도 없는 노릇. 결국 그는 죽음 대신 삶을 택한다. 그리고 결심한다. 자신을 살려준 것이 바로 그 문제였으니 그 문제를 푸는 자에게 재산의 대부분을 주겠노라고. 수학문제가 사람을 살리는 쾌거를 이룬 것이다. 모든 이를 위한 수학이 되기는 어렵다. 그러나 이처럼 어떤 누군가를 위한 수학은 충분히 가능하다.

이 사람의 행적을 살펴보노라면 뭔가 평범한 사람은 아닌 듯하다. 자살 예정시각을 정해놓지 않나, 시간이 남았다고 수학공부를 하지 않나, 재산을 털어 상금을 내놓지 않나. 그는 사업가였으나 대학에서 수학을 전공한 사람이었다. 탁월한 수학자는 아니었지만, 그에게도 문제를 풀어내고자 하는 수학자로서의 피가 흐르고 있었다.

페르마의 마지막 정리는 수천 년 동안 인류의 문명과 함께해왔다. 이 정리가 지닌 장점은 어린아이도 그 내용을 쉽게 이해할 수 있다는 점이다. 그래서 많은 사람들이 알고, 도전할 수 있는 흔하지 않은 좋은 문제였다. 대부분의 수학문제가 문제 자체를 이해하는 데에도 많은 지식을 요구하는 것과 비교하면 차이는 분명하다. 와일즈는 이런 역사의 정점에 있었다.

빨리, 몰래, 먼저 풀어내라!

와일즈의 이야기는 문제와 수학자 간의 관계를 살펴볼 수 있는 좋은 예이다. 그가 문제를 풀기 위해 가졌던 7년의 고독은 문제를 놓고 벌이는 수학자의 고뇌를 그대로 보여준다. 그 문제만을 바라보며, 걸림돌이 되는 다른 일들은 모두 제쳐둬야만 했다. 그것은 문제와의 싸움이기도 하지만 자신과의 싸움이기도 하다. 동시에 수학자는 다른 사람들과도 싸워야 한다. 누가 먼저 풀어내느냐에 따라 자신의 노력이 인정받을 수도 있고, 자신만의 노력으로 끝날 수도 있기 때문이다.

수학에서 두 번째란 별 의미가 없다. 페르마의 정리만 보더라도 와일즈의 이름만 기억될 뿐, 이 문제에 도전한 숱한 사람들의 이름은 희미하게 언급된다. 이는 수학의 특성과 관련된다. 수학문제에는 답이 정해져 있다. 정답 아니면 오답이다. 그러나 철학이나 문학과 같은 분야에서는 그렇지 않다. 동일한 문제에 대해 다양한 답, 다른 답이 가능하다. 인생이란 무엇인가에 대한 물음에 얼마나 많은 철학과 문학 작품이 존재하는가! 수학은 그렇지 않다. 누군가가 결론 내버리면 그걸로 끝이다. 그 문제는 그의 것으로 기억될 뿐이다. 고로 문제를 풀되 다른 사람보다 빨리 풀어야 한다.

와일즈에게도 그런 강박관념은 있었다. 그는 자신의 연구를 철저히

| 앤드루 와일즈, 1993년 케임브리지 대학 강연 모습 |

어떤 수학자에게 문제란 존재의 이유와도 같다.

비밀리에 부쳤다. 무엇을 연구하고 있는지조차 알리지 않았다. 필요할 때만, 어쩔 수 없을 때만, 괜찮을 때만 알리고 자문을 구했다. 다른 사람들의 의심을 피하기 위해 주요 관심사와는 다른 제목으로 강좌를 개설하여 다른 연구자와 연구를 함께하기도 했다. 순수한 소년 같은 미소를 머금은 모습과는 전혀 어울리지 않는 영악한 모습이다.

그렇다고 수학의 세계를 승부의 세계만으로 보는 것은 적절하지 않다. 어떤 수학자에게 문제란 존재의 이유와도 같다. 그 문제를 따라 자신의 삶의 궤적을 그려나간다. 풀리면 풀리는 대로, 안 풀리면 안 풀리는 대로 받아들이며 살아가는 것이다. 꼭 풀릴 것이라는 보장, 풀어서 성공하리라는 보장이 없어도 문제에 도전한다. 왜? 그 문제가 좋으니까, 그 문제를 통해 생각하고 사유하는 게 즐거우니까, 풀어가는 과정에서 삶의 기쁨과 의미를 찾을 수 있으니까!

피타고라스의 정리는 이미 증명됐다. 하지만 이 정리의 증명 방법을 찾는 것은 중단되지 않았다. 이미 400여 개에 이르는 증명법이 등장했지만, 새로운 증명법을 찾고자 하는 시도는 여전히 이어지고 있다. 새로운 것을 찾아낸다고 해서 알아주는 것도, 상을 주는 것도 아니다. 이것은 이미 놀이가 되었다. 생각하는 놀이, 새로운 것을 찾아보는 놀이 말이다.

수학으로
돈 벌기 프로젝트

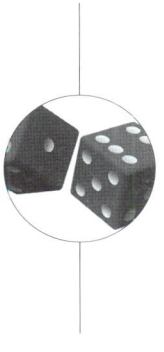

· 21 ·

수학을 순수학문이라고 한다. 수학 자체의 원리를 탐구하는 것이 연구의 목적이지, 수학을 어떻게 써먹을 것인가를 따지지 않는다는 거다. 그냥 순수하게 지적인 호기심을 충족시키기 위해서 공부하는 거다. 그렇지만 순수학문은 의외로 다른 학문들을 발전시켜가는 뿌리로서의 역할을 해내고 있다. 그래서 기초학문이라고도 한다.

순수하다는 것, 달리 보면 외로울 수밖에 없다. 다른 것들을 고려하지 않고, 자기 갈 길만을 가겠다는 것이니 그럴 수밖에 없다. 물이 너무 깨끗하면 물고기가 살지 않는 것과 비슷하다. 학문 자체가 어려운 데다 자기 잘난 맛에 살겠다는 것인 만큼 수학의 세계에 사람들이 많이 모이지 않는 것이 당연해 보인다. 광활한 세계이건만 거기에는 소수의 전문적인 수학자 집단들만이 옹기종기 모여 살고 있는 셈이다.

그런데 수학의 이런 처지가 당연한 것만은 아니다. 이제껏 수학은 너무 고상하고 깨끗하게 현실을 초월하는 영역과 가까워지려고 했다. 진리를 추구하는 형이상학과 가까워지려 하다 보니 현실과의 거리가 멀어졌다. 하지만 수학도 얼마든지 달라질 수 있다. 수학자 역시 얼마든지 다른 일을 벌일 수 있다. 현실적인 사람들이 보기에도 대단한 일을 실제로 해낼 수 있다. 그 연결고리는 수다. 수에 정통한 사람이 수학자들이기에 현실과 수를 겹쳐서 볼 수만 있다면, 수 가지고 놀듯이 현실을 장난감 다루듯 다룰 수 있게 된다.

이건 실화라네

영화 〈21〉은 벤 메즈리치의 2003년작 『집 무너뜨리기(Bringing down the house)』라는 소설을 바탕으로 하고 있다. 여기서 집이 뭘까? 바로 카지노다. 그래서 이 소설은 우리나라에 『MIT 수학천재들의 카지노 무너뜨리기』라는 제목으로 번역되어 있다.

이보다 앞선 1962년, 에드워드 소프라는 수학자가 블랙잭 게임에서 이기는 방법을 책으로 쓰기도 했다. 『딜러를 이겨라(Beat the Dealer)』라는 제목의 이 책은 대단한 인기를 끌었다. 책 출간 후 결과적으로 이득을 본 곳은 도박업체였다. 책을 보고 승리를 자신한 사람들이 게임장에 몰려들었던 것이다.

1970년대 말에는 MIT에 블랙잭 팀이 생긴다. J. P. 마사라는 학생이 팀을 짜 역할 분담하는 시스템을 만들어 카지노에 도전한다. 결과는 실패로 끝났다. 이후 마사는 하버드에서 블랙잭 팀을 운영했던 캐플란을 만나게 된다. 둘은 의기투합하여 새로운 블랙잭 팀을 1980년에 만들게 되는데, 이 팀이 대단한 성공을 거두게 된다. 이 팀은 점점 커져서 1990년대 들어서는 그 규모가 수백만 달러의 자본과 80여 명의 플레이어에 이르게 된다. 이렇게 되자 카지노 업체에서는 카드 카운팅 기술을 인정하지 않고 카드 카운터들의 출입을 막아버렸다. 결국 MIT 팀은 1993년에 해산하게 된다.

이후 MIT 팀은 두 개로 나뉜다. 이름도 희한한 '양서류' 팀과 '파충류' 팀이다. 이 팀들은 다시금 활동을 재개하여 카지노를 누비게 되는데, 벤 메즈리치는 두 팀의 활동상을 근거로 한 소설을 각각 내놓았다. 파충류 팀의 이야기는 『MIT 수학천재들의 카지노 무너뜨리기』로, 양서류 팀의 이야기는 『MIT 수학천재들의 라스베이거스 무너뜨리기』로 출간되어 두 권 모두 성공을 거뒀다. 이 팀들에 대한 이야기는 소설뿐만 아니라 TV 다큐멘터리로도 많이 다뤄졌고, 2004년 캐나다에서는 TV 영화로 제작되기도 했다.

소설과 영화 모두 실화를 바탕으로 상상력을 더해 만들어졌다. 재미를 위해서 사실이 다소 왜곡되기도 했다. 소설과 영화의 모티브가 된 파충류 팀의 일원이었던 실제 주인공은 중국계 미국인이었지만, 영화에서는 백인이 그 역할을 대신한다. 흥미롭게도 소설의 실제 모델인 제프 마가 카지노 딜러로 영화에 직접 등장한다.

수학, 무슨 짓이든 할 수 있다

영화는 주인공 벤이 장학금 심사를 받는 장면으로 시작한다. MIT 졸업에 미국수학리그 회장까지 한 그였지만, 심사관은 좀더 압도적인 뭔가를 요구한다. 하는 수 없이 벤은 대학시절 그가 겪었던 도박 이야

| 파충류 팀의 일원이었던 제프 마 |

MIT 블랙잭 팀은 어떤 시스템도

인간의 두뇌를 넘어설 수 없음을,

인간의 능력이 컴퓨터화된 시스템을

넘어선다는 것을 보여주고 싶었다.

기를 풀어놓기 시작한다.

벤은 순진한 청년이었다. 하지만 그에게는 돈이 없었다. 아르바이트를 했지만 그것만으로는 부족했다. 이때 그의 재능을 알아본 교수 미키는 그를 도박단으로 끌어들인다. 미키는 카드 카운팅 기법을 이용한 도박단을 운영한다. 카드 카운팅이란 이제껏 나온 카드를 기억하여 앞으로 나올 카드를 확률적으로 예측하는 것이다. 카드 중에서 2, 3, 4, 5, 6 카드에는 +1을, 중간 값인 7, 8, 9 카드에는 0을, 10, J, Q, K, A 카드에는 -1을 부여해 카드가 나올 때마다 그걸 계산해가는 것이다. 최종 값에 따라 앞으로 나올 카드들의 점수를 확률적으로 예측해간다. 통계와 확률을 바탕으로 한 이 기술에 벤은 천부적인 능력을 발휘하며 승승장구한다. 그만큼 돈을 많이 벌게 되고 도박에 빠져들기 시작한다.

소설과 영화의 큰 차이점 중 하나는 벤이 도박판에 입문하게 된 동기다. 영화에서 벤은 의대 입학금 마련을 위해서 카지노에 발을 들여놓지만 소설에서는 그렇지 않다. 소설에서 강조하고자 했던 것은 카지노 시스템과 인간 두뇌의 싸움이었다.

카지노도 분명 사업이다. 따라서 모든 시스템이 돈을 벌기 위해 최적화되어 있다. 그러기 위해서는 사람들이 계속 도박에 달려들 수 있게 하면서 카지노 측은 자연스럽게 돈을 벌어들일 수 있어야 한다. 카지노는 이렇듯 사람들의 심리를 자극하고 부추길 수 있는 전략과 기술에 의해 정교하게 프로그래밍되어 있다.

MIT 블랙잭 팀은 그런 시스템을 인간의 두뇌, 구체적으로는 그들의 두뇌로 격파해보고 싶었다. 그들은 어떤 시스템도 인간의 두뇌를 넘어설 수 없음을, 인간의 능력이 컴퓨터화된 시스템을 넘어선다는 것을 보여주고 싶었다. 그래서 시스템을 통계적으로 분석하고, 확률에 의거하여 조직적으로 싸움을 건 것이다. 그 결과 그들의 바람대로 시스템과 싸워 승리를 거뒀다. 그 능력의 중심에는 수학이 자리 잡고 있었다. 이 싸움은 도박의 수학사 한 페이지를 멋지게 장식했다.

수학, 도박을 다루기 시작하다

주사위는 도박에 쓰이는 가장 오래된 도구다. 여러 문명에서 다양한 형태의 주사위가 발견된다. 십사면체의 주사위인 신라시대의 목제주령구는 굉장히 희귀한 것이다. 이것은 1975년 경주 안압지에서 출토된 것으로 정사각형 6개, 육각형 8개로 둘러싸여 있다. 각 면에는 다양한 벌칙이 적혀 있는데, 신라인들이 술을 마시면서 벌칙을 주는 데 사용되었다. 중인타비(衆人打鼻, 여러 사람 코 때리기), 삼잔일거(三盞一去, 술 석 잔을 한번에 마시기), 농면공과(弄面孔過, 얼굴 간지러움을 태워도 참기) 등이 그 예이다.

   고대인들은 확률을 학문적으로 다루지는 않았다. 표기법이나 셈법 등의 불편함도 있겠지만, 확률 자체를 신뢰하지 않았다. 게다가 우연을 신의 뜻으로 해석하여 받아들이는 경향도 강했다. 불확실한 우연을 학문적으로 다룰 필요를 느끼지 못했다. 플라톤의 책 『파이돈』에서는 '확률에서 시작되는 주장은 사기'[17]라는 말까지 있을 정도였다.

   그러나 로마시대로 접어들며 사정이 바뀌기 시작했다. 로마 황제들과 부유층 또한 도박을 즐겼다. 클라우디우스(BC 10~AD 54) 황제도 주사위 놀이에 몰두하여, 『주사위 놀이에서 승리하는 방법』이라는 책을 지었다고 한다. 불행히도 책은 전해지지는 않는다. 기원전 로마 정치인이었던 키케로를 통해서 확률은 인생의 길잡이로 여겨졌으며, 확률(probability)의 어원인 'probabilis'라는 말도 등장했다.

르네상스 이전까지는 주사위처럼 우연히 일어나는 사건에 대한 계산이 이뤄지지 못했다. 그러다 16세기를 전후로 하여 수학적 접근이 시도되기 시작했다. 구체적인 문제를 통해 어떻게 다루었는지 살펴보자.

판돈을 어찌 분배해야 하나

"실력이 비슷한 A와 B 둘이서 판돈을 걸고 어떤 게임을 했다. 그 게임에서 먼저 6회 이기는 자가 판돈 전부를 갖기로 약속했다. 그런데 A가 4회, B가 3회 이겼을 때에 사정으로 시합을 중지해야 했다. 판돈을 어떻게 분배하는 것이 공평할까?[18]

이것은 르네상스 시대의 수도사인 루카 파출리가 1494년에 펴낸 책 『산술 전서』에 있는 문제이다. 게임을 중간에 그만둬야 할 경우 돈을 어떻게 분배하는 게 공평할 것인지를 묻고 있다. 아마도 이런 경우가 실제로 있지 않았을까 싶다.

파출리는 어떤 해결책을 제시했을까? 그는 중간까지의 성적을 반영하여 4:3으로 나누자는, 누구나 생각할 수 있는 평범한 답을 제시했다. 나름대로 그럴듯해 보이지만, 확실히 공평한 것인지 설명하기도, 공감하기도 애매하다. A는 조금만 더 하면 판돈을 다 가질 수 있기에 더 많은 돈을 요구할 테고, B는 원래 실력이 비슷했고 두 사람의 승패 기록도 별 차이가 없으니 그냥 반반씩 나누자고 할 수도 있다.

이 문제에서 4:3이라는 조건을 무시한다면 반반씩 나누면 된다. 그러나 4:3이라는 조건을 고려할 경우 A에게 더 유리해 보이는 것은 사실이다. 다만 어느 정도나 유리한 것인가를 정확히 알아내는 게 문제다. 이런 문제는 그 뒤 카르다노에 의해서도 논의된다. 이들의 답이 옳지는 않았지만, 카르다노에게는 확률에 대한 최초의 수학적 접근이라는 영예가 주어졌다. 그는 여러 직업을 가졌는데, 도박을 생업으로 삼았던 적도 있었다. 그의 자서전 일부를 보자.

> "… 체스판을 이용한 게임과 주사위를 던져서 하는 게임에 정신을 못 차린 채 중독되었던 점은 가혹한 비난을 받아도 마땅하다고 나도 생각한다. 수년 동안 노름을 했는데 그것도 매년 했을 뿐만 아니라 말하기도 부끄럽지만 매일 했다."[19]

그는 게임을 연구해야 했다. 수입에 보태야 했기 때문이다. 그리하여 도박사를 위한 간결한 안내서를 쓰기도 하고, 『기회의 게임에 관하여』라는 확률론의 효시작을 얼떨결에 남기게 되었다. 하지만 실질적인 해결책은 위와 같은 문제를 친구로부터 의뢰받은 파스칼에 이르러 제시된다. 그 친구는 도박사였는데, 파촐리가 제시한 풀이방식이 자신의 경험적 관찰과 같지 않음을 깨닫고 파스칼에게 의뢰한 것이었다. 파스칼은 이 문제를 혼자 풀지 않고 당대 대표적인 수학자였던 페르마와 서신을 교환하며 풀어낸다.

페르마의 해결책

두 수학자가 제시한 해결책의 원리는 간단했다. 그동안의 성적을 바탕으로 나누는 것이 아니라, 앞으로 계속해 게임을 끝낼 경우 각자가 판돈을 가져갈 확률을 구해서 그 확률에 따라 판돈을 분배하는 것이었다. 파촐리가 제시한 문제의 경우 게임이 종결되려면 A는 두 번을, B는 세 번을 더 이겨야 한다. 어느 경우든 게임이 종결되려면 네 번 더 시행하면 된다. A가 연속 이긴다면 두 번이면 되지만, B가 이기려면 B가 계속 이기거나 A가 한 번만 이긴 상태에서 B가 세 번 이기면 되기 때문이다.

페르마는 네 번의 시행에서 나올 수 있는 경우를 모두 따져보고, 각 경우 누가 판돈을 가져가게 되는가를 알아봤다. 그러고는 그 결과에 따라 판돈을 분배하자고 했다.

A가 4번 이기는 경우: AAAA(A)
A가 3번 이기는 경우: AAAB(A), AABA(A), ABAA(A), BAAA(A)
A가 2번 이기는 경우: AABB(A), ABAB(A), ABBA(A), BBAA(A),
　　　　　　　　　　　BABA(A), BAAB(A)
A가 1번 이기는 경우: ABBB(B), BABB(B), BBAB(B), BBBA(B)
A가 0번 이기는 경우: BBBB(B)

( )는 누가 판돈을 가져가게 되는가를 나타낸다. 모든 경우는 16가지이다. 그중 11가지 경우에서는 A가, 5가지 경우에서는 B가 판돈을 가져가게 된다. 계속할 경우 승리할 확률은 11:5다. 따라서 A, B가 판

돈을 11:5로 분배하는 것이 수학적으로 공평하다고 했다. 그러고 보면 파촐리가 제시한 해결책 4:3은 B에게 후한 것이었다.

파스칼의 해결책

파스칼의 해결방법 또한 기본적으로 페르마와 같다. 다만 그는 경우의 수를 구하는 데 '파스칼의 삼각형'이라고 알려진 것을 이용하였다.

```
n = 0                    1
n = 1                 1     1
n = 2              1     2     1
n = 3           1     3     3     1
n = 4        1     4     6     4     1
  ⋮                       ⋮
```

위의 삼각형은 $(a+b)^n$을 전개했을 때 나오는 경우와 각 경우의 계수를 의미한다. 예를 들어 $n=2$이면 $(a+b)^2$은 세 개의 경우가 나오고, 각 경우의 계수는 1, 2, 1이다. 무슨 말일까? $(a+b)^2$을 전개해보면 안다. $(a+b)^2 = a^2 + 2ab + b^2$. 이 식은 다음과 같이 다시 쓸 수 있다.

$$(a+b)^2 = a^2 + 2ab + b^2$$
$$= aa + 2ab + bb$$
$$= (aa) + (ab+ab) + (bb)$$

$(a+b)^2$을 전개하면 나오는 경우는 aa, ab, bb의 세 경우이고, 각 경우는 1번, 2번, 1번 나오게 된다. 이것은 마치 a, b 두 개 중 하나를 고

르는 것을 두 번 시행하는 것과 같다. 그런 식이면 $(a+b)^3$은 a가 세 번 나오는 경우가 1번, a가 두 번인 경우가 3번, a가 한 번인 경우가 3번, a가 0번인 경우가 1번이 되어 다음과 같이 전개된다.

$$(a+b)^3 = 1aaa + 3aab + 3abb + 1bbb = a^3 + 3a^2b + 3ab^2 + b^3$$

이걸 파졸르의 문제에 적용하면 어떻게 될까? 그 문제의 경우 게임이 완료되기 위해서는 a, b 고르는 것을 네 번 더 시행해야 하므로, $n=4$인 경우에 해당한다.

$$(a+b)^4 = a^4 + 4a^3b + 6a^2b^2 + 4ab^3 + b^4$$

즉, A가 4회 이기는 경우는 1번, 3회 이기는 경우는 4번, 2회 이기는 경우는 6번, 1회 이기는 경우는 4번, 0회 이기고 B가 4회 이기는 경우는 1번이 된다. 따라서 페르마가 제시한 것처럼 A:B가 11:5라는 결과와 동일하다.

확률은 정말 알쏭달쏭해

확률을 수학적으로 따져본다는 것은 쉽지 않다. 제대로 따지지 않으면 수학자라도 얼마든지 헷갈릴 수 있다. 문제를 잘못 이해하면 답 또한 틀려진다. 그것을 잘 보여주는 역사적인 사례를 영화에서는 소개한다.

세 개의 문 중에서 하나를 골라서 문 뒤에 있는 선물을 가질 수 있는 게임이 있다. 하나의 문 뒤에는 자동차가 있고, 나머지 두 문 뒤에는 염소가 있다. 자동차와 염소가 어디에 있는지 게임 진행자는 알고 있다. 게임 참가자가 하나의 문을 고르면, 게임 진행자가 나머지 두 개의 문 중에서 염소가 있는 문을 열어 보여준다. 그러면서 게임 참가자에게 열리지 않은 다른 문으로 선택을 바꿀 거냐고 다시 묻는다. 과연 참가자는 선택을 바꾸는 게 좋을까?

언뜻 보면 선택을 바꾸나마나 상관없는 것 같다. 나머지 두 개의 문 중 자동차가 있을 문은 둘 중 하나고 확률은 똑같이 50%이기 때문이다. 둘 중 어느 곳에 자동차가 있을지 어차피 모르기에 옮기나 안 옮기나 확률은 똑같아 보인다. 대부분의 사람들은 그렇게 생각한다. 벤은 달랐다. 그는 선택을 바꾸는 게 좋다고 확신한다.

"Variable changes." 벤의 이유다. 상황이 바뀌었다는 것이다. 세 개 중 하나의 문을 택할 때 자동차를 선택할 확률은 33.3%, 실패할 확률은 66.6%이다. 그런데 자동차가 없는 문 하나를 열어주면 실패할 확률 33.3%를 없애주는 것과 같다. 반대로 생각하면 성공할 확률이 이전보다 33.3% 더 높아져 66.6%가 되는 것이다. 고로 선택을 바꾸는 것은 33.3%의 성공 확률이 있는 게임에서 66.6%의 확률이 있는 게임으로 바꾸는 것과 같다. 반대로 가만히 있는 것은 처음 게임을 계속하는 것과 같다. 그러니 무조건 바꿔야 한다. 그래도 헷갈린다면 직접 실험해보면 된다.

수학자들도 헷갈리는 확률

이 문제는 '몬티 홀 문제'로 불린다. 몬티 홀은 미국 TV 쇼 진행자였는데, 이 문제는 그의 쇼에서 다뤄져 유명해졌다. 당시 대다수 사람들은 바꾸나 안 바꾸나 같다고 생각하였고, 별다른 이의 제기도 하지 않았다. 그런데 1990년에 최고 IQ 소지자인 마릴린 사반트가 그의 칼럼에서 바꾸는 게 낫다는 글을 썼다. 대부분의 미국인들, 전체의 92%가 그녀가 틀렸다고 생각했다. 수학교수를 포함한 1000명에 이르는 박사들마저도 이에 동참했다. 에르되시 넘버의 수학자 팔 에르되시도 증명을 믿기는커녕 화를 냈다고 한다.

이 문제가 이렇듯 논쟁을 불러일으키게 된 이유는 조건 때문이다. 결과만을 보면 옮기나 안 옮기나 확률은 동일한 것 같다. 들 중 하나니까. 그러나 문을 하나 열어준 행위는 그 뒤의 사건에 영향을 미치는 중요한 조건으로 작용하게 된다. 그러한 상황 변화를 눈치채느냐 못 채느냐에 따라 확률은 다르게 계산된다. 이처럼 조건에 따라 확률이 달라지는 것을 조건부 확률이라고 한다.

수학자에게 유리해져가는 세상!

수학과 수학자가 얼마든지 변신할 수 있는 이유는 현실의 많은 것들이 수로 표현되고 있기 때문이다. 현실 자체에 수학자는 약할 수 있다. 하지만 현실이 수로 바뀌어버리는 공간이라면 수학자는 얼마든지 활개칠 수 있다. 고로 모든 것들이 수적인 정보로 대체되고 있는 현실은 수학자에게 매우 유리한 환경이라고 할 수 있다.

2011년 미국직업전문 포털사이트 커리어캐스트의 발표에 따르면 수학자는 유망직종에서 2위로 선정됐다. 하지만 연평균 소득은 1위인 소프트웨어 엔지니어의 8만 7140달러보다 높은 9만 4178달러로 조사됐다.[20] 의외의 결과라고 생각할 수 있지만 이유를 들어보면 타당하다.

현대사회는 갈수록 정보의 양이 늘어나고 있다. 데이터를 분석하고 처리하는 일이 점점 중요해진다. 여기에 빠질 수 없는 것이 수학이다. 그렇기에 수학은 전문적인 사람들뿐만 아니라 현대사회에서 적응하며 살아가려는 모든 사람들에게 필요하다. 상황은 이렇듯 수학에 아주 호의적이다.

최근 보도에 따르면 호주 수학자 19명이 도박단을 조직해 24억 호주달러를 벌어들였다고 한다. 그들은 이 돈으로 주택은 물론 개인미술관, 개인볼링장을 갖출 정도로 호사스러운 생활을 영위했다고 한다.[21] 수학으로 현실을 얼마든지 농락할 수 있음을, 그럴 수 있는 좋은 환경이 됐음을 다시 한 번 보여준다. 수학자가 맘만 먹으면 뭔 짓이든 할 수 있는 세상이다.

히파티아, 신화가 된 수학계의 아프로디테

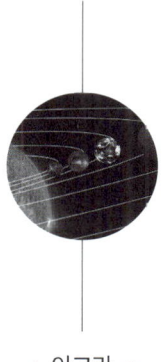

• 아고라 •

여성은 역사상 오랫동안 소수자였다. 생물학적으로 수가 적었다는 말이 아니라 사회적으로 배제되고 차별받았다는 말이다. 학문의 역사에서도 사정은 다르지 않았다. 오히려 학문의 세계에서 성적 차별은 더 심했다. 학문은 아무나 할 수 없었다. 학문을 할 수 있는 사람 자체가 제한되어 있었다. 지금도 그렇고, 과거에는 더욱 그러했다. 하고 싶다고 누구에게나 문이 열려 있는 게 아니다.

  학문을 한다는 것은 굉장히 고상한 일이었다. 물건을 팔고, 전쟁을 하며, 자신의 수익을 위해 노력하는 일반적인 행위가 아니었다. 땅의 일이 아니었다. 학문의 목적은 대부분 자연의 이치를 탐구하고, 삶의 본질을 알아내는 것으로 여겨졌다. 하늘의 일이었다. 그렇기에 더욱 여성은 적합한 존재가 아니었다. 여성은 천성적으로 땅에 속한 존재

이기에, 하늘의 일은 남자에게 맡겨야 했다.

   수학자 하면 떠오르는 사람? 피타고라스, 유클리드, 뉴턴, 가우스 모두 남자다. 여성 수학자를 대표할 만한, 대중적으로 잘 알려진 인물이 없다. 여성은 수학이나 과학에 본능적으로 약하다고도 한다. 하지만 본능 이전에 시대적인 한계가 있었음을 우선 인정해야 한다. 그리고 이런 한계를 수학으로 뛰어넘었던 여성도 있었음을 확인해야 한다. 수학은 답이 확실하기에, 시대적인 편견 앞에서도 당당할 수 있는 힘이 되어주었다. 못 믿겠다면 영화로 확인해보자.

걸출했지만 비극적인 죽음을 맞이한 여성 수학자

〈아고라〉(2009)는 5세기 전후에 활동했던 여성 수학자 히파티아를 다룬 영화다. 그녀에게는 흔히 '최초의 여성 수학자'라는 수식어가 붙는다. 그런 존재감은 16세기 이전의 걸출한 학자 54명을 한 곳에 모아놓은 라파엘로의 작품 〈아테네 학당〉(1510~1511)에도 나타나 있다. 그녀는 유일한 여성으로 다른 남성들 틈바구니에 자리 잡고 있다. 그녀는 여성임에도 불구하고 최고의 철학자이자 수학자로 인정받은, 매우 인기 있는 교사였다.

   다른 한편으로 그녀는 '플라톤의 머리와 아프로디테의 몸'을 지녔다고 알려졌다. 플라톤의 머리는 그녀의 철학적인 경향을 나타낸다. 그녀는 플라톤 철학, 특히 신플라톤 철학의 영향을 많이 받았다. 아프로디테의 몸은 그녀의 외모를 뜻한다. 아프로디테가 아름다움과 사랑의 여신임을 감안한다면 그녀가 무척 사랑스러웠을 것임을 짐작할 수 있다. 그녀는 미모가 아주 빼어났다고 한다. 지금 말로 하면 미모 되고, 머리 되는 '엄친딸'이었다. 자연스럽게 수많은 남성들로부터 구애를 받았지만 그녀는 진리와 결혼했다며 거절했다. 그렇게 수많은 남성들의 애간장을 태웠다.

히파티아는 홍일점이었다. 남성 중심의 사회에서 그녀는 눈에 띌 수밖에 없었다. 그런더다 지적으로도 뛰어난 선생님이었기에 내로라 하는 집안의 자제들이 제자로 모여들었다. 님도 보고 뽕도 따고, 공부도 하고 연애도 하고! 그러나 그녀는 비참한 최후를 맞이했다. 남자와의 스캔들 때문이 아니었다. 〈아고라〉는 그녀의 죽음을 다룬다.

이성과 자유의 희생양이 되다

히파티아는 370년에 태어나서 415년에 생을 마감했다. 그녀가 태어난 곳은 이집트의 알렉산드리아였다. 이곳은 로마제국의 일부였는데 4세기를 즈음하여 로마제국에는 중요한 변화가 일어난다. 323년 콘스탄티누스가 기독교를 공식적인 종교로 인정하고, 329년 테오도시우스는 기독교를 국교로 인정한다. 기독교는 더 이상 탄압받는 힘 없는 자들의 은밀한 종교가 아니었다. 이제 그들에게도 힘과 권력이 있었다. 그들은 각 지역에 주교를 파견하여 총독과 더불어 세상을 다스려나가기 시작했다. 히파티아의 삶은 이런 시기를 배경으로 하고 있다.

알렉산드리아는 어떤 곳인가? 이 도시는 알렉산더 대왕이 건설한 곳으로, 세계 최고의 도서관이 있는 곳이었다. 도서관에는 세상의 모든 책이라고 할 정도의 장서가 있었고, 학문적 연구와 교류가 적극 장려되었다. 따라서 사상의 자유가 다른 곳보다 훨씬 보장된 곳이었다. 다양한 학문뿐만 아니라 다양한 종교가 인정되던 곳이었다.

그러나 새롭게 부상하기 시작한 기독교에게 기독교 이외의 종교나 학문은 우상숭배에 지나지 않는, 척결의 대상에 불과한 것이었다. 부득불 기독교와 기독교 이외의 사상, 심지어는 정치적 권력과도 마찰을 일으키게 된다. 히파티아는 이런 분위기의 한가운데에 있었다. 그녀는 수학과 철학을 연구하고 가르치던 학자였다. 인간의 이성과 자유를 중요시하는 인문주의자였기에 절대적인 믿음과 실천을 요구하는 기독교와 부딪칠 수밖에 없었다. 그 싸움에서 도서관은 훼손되고 그녀는 죽게 된다.

수학자로 잘 자란 히파티아

> "알렉산드리아에 철학자 테온의 딸인 히파티아라는 여성이 있었는데, 그녀는 문학과 과학 분야에서 당시의 모든 사람을 훨씬 능가하는 업적을 이뤘다."
>
> — 5세기 소크라테스 스콜라스티쿠스, 『교회사』

> "당시 알렉산드리아에 히파티아라는 이교도 여성 철학자가 나타나서 모든 시간을 마술에 쏟으면서 악마 같은 계략으로 수많은 사람들을 현혹시켰다."
>
> — 니키우의 주교 존, 『연대기』[22]

히파티아에 대한 교회의 두 가지 기록이다. 당시의 모든 사람을 훨씬 능가한 철학자, 수많은 사람들을 현혹시킨 마술사라는 상반된 평가를 하고 있다. 그녀의 죽음에 대한 기독교의 의도적 왜곡이 있었을 것임을 감안한다면 현혹시켰다라는 것은 그만큼 영향력이 있었다는 뜻일 게다. 이러나저러나 그녀는 대단한 인사였다. 〈아고라〉에서도 그녀는 총독인 오레스테스의 짝사랑의 대상이자 정치적인 멘토로 등장한다. 실제 그녀는 정치적으로나 사회적으로 막강한 영향력을 행사했으며, 많은 사람들이 그녀를 존경하고 따랐다. '뮤즈 여신에게' 또는 '철학자에게'라고 쓰인 편지가 그녀에게 전달되었다는 전설적인 이야기는 그런 면을 잘 보여준다.

어떻게 해서 그녀는 그토록 대단한 학자가 될 수 있었을까? 단서는 그녀가 테온의 딸이었다는 점이다. 테온은 유명한 수학자였으며, 고대의 학교인 무세이온의 도서관 교수로서 강의도 했다. 히파티아가 총명했기 때문인지 모르겠지만 그는 히파티아를 어려서부터 다양한 방면으로 교육했다. 문학, 예술, 철학, 수학은 기본이고 연설이나 운동, 심지어는 식이요법까지도 개발하여 가르쳤다고 한다. 필요할 때는 아테네로 유학을 보내기도 했다. 그런 아버지의 도움과 지원 하에서 그녀는 걸출한 학자로 성장하였다.

그녀가 신플라톤학파에 속했다는 점도 학자로서의 성공에 연관이 있을 것이다. 신플라톤주의는 세계를 이데아의 세계와 현실세계로 구분하는 플라톤 철학을 기본으로 한다. 그런 맥락에서 그녀는 이데아의 원리가 어떻게 현실세계에 구현되고 관련되는가를 파악하려고 했을 것이다. 게다가 플라톤은 여자에게도 남자와 동등하게 교육의 기회를 줄 것을 주장하지 않았던가? 이런 면들이 히파티아를 자극하여 남성 위주의 학계에서 주눅들지 않고, 오히려 더욱 지독하게 공부하게 한 것은 아닐까?

저작이 남아 있지 않아 그녀의 관심사를 상세하게 알 수는 없지만 알려져 있는 그녀의 저작을 통해 추측해볼 수는 있다. 15세기경 바티칸의 도서관에서 『디오판토스의 천문학적 계산에 관하여』라고 하는 그녀의 저작 일부가 발견되었다. 이외에도 『아폴로니오스의 원추곡선에 관하여』, 프톨레마이오스의 대작인 『알마게스트』에 관한 해설서, 아버지 테온과 함께 유클리드에 관한 한 권 이상의 책을 쓴 것으로 알려져 있다. 이런 사실들 때문인지 〈아고라〉는 유클리드의 공리와 행성의 궤도에 관한 천문학적 연구, 원추곡선을 바탕으로 이야기를 주로 전개해간다.

적절한 행성 체계를 찾아내라!

신플라톤주의자로서 그녀는 플라톤 철학을 바탕으로 한 프톨레마이오스의 행성 체계를 따랐다. 그 체계란 지구가 우주의 중심이고, 그 지구를 중심으로 태양을 포함한 행성들이 회전한다는 것이다. 이때 행성의 궤도는 원 모양이다. 원은 가장 완벽한 도형이므로, 완전한 천체는 그럴 수밖에 없다고 보았다. 반면에 지구에서는 모든 물체가 직선 운동을 한다. 지구의 중심을 향하여 직선으로 떨어지는 것이다.

 플라톤의 철학을 바탕으로 한 최초의 행성 체계는 수학자 에우독소스(BC 408?~BC 355?)에 의해서 만들어졌다. 그는 태양을 중심으로 하고, 나머지 행성들이 태양을 중심으로 하는 원운동을 하는 동심원체계를 고안해냈다. 이후 이 체계는 행성 체계의 기본 구조가 되었다. 그러나 이 체계는 실제로 관측된 별들의 현상들을 제대로 설명해주지 못했다. 만약 지구를 중심으로 태양이 원운동을 한다면 태양의 크기는 일정하게 관측돼야 한다. 하지만 별들의 크기는 달라졌으며,

운동방향 또한 일정하지 않았다. 이런 문제점을 수정한 사람이 수학자 아폴로니오스(BC 262~BC 190)다. 그는 두 개의 보완된 체계를 제안했다.

또 하나의 원을 도입하라! 이것이 아폴로니오스의 대안이었다. 원운동 하나만으로는 안 되니, 또 하나의 원을 도입하여 두 개의 원에 의한 조합으로 행성들의 움직임을 설명하자는 것이었다. 그는 주전원이란 것을 도입했다. 행성이 그냥 태양 주위를 도는 것이 아니라 스스로 원 모양의 궤도를 그리면서 태양의 주위를 돈다는 것이었다. 이렇게 되면 행성의 역행을 쉽게 설명할 수 있게 된다.

그러나 주전원의 도입으로도 문제점은 여전히 존재했다. 또다시 보완이 필요했다. 그래서 나온 것이 이심원으로 지구가 행성 궤도의 중심이 아닌 곳에 위치한다는 가정이었다. 이렇게 수정에 수정을 거쳐서 완성된 것이 프톨레마이오스의 체계였다.

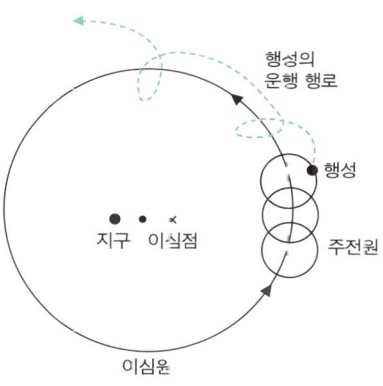

주전원 · 이심원 체계

새로운 행성체계를 찾아라!

프톨레마이오스 체계의 원리는 간단했다. 그러나 그 구체적인 모습은 원리와는 딴판으로 복잡했다. 여기저기 수선한 흔적이 역력해 깔끔하지 않았다. 이런 문제점은 영화에서도 제기된다. 한 학생이 농담

반 진담 반으로 묻는다. 두 개의 원이라니! 하나의 원이면 안 되느냐? 학생은 별 생각 없이 말했다. 그런데 이 말은 히파티아의 마음에 꽂힌다. 신의 창조법칙이라면 간단한 게 옳기 때문이다.

히파티아는 새로운 행성체계를 찾게 된다. 이때 한 고대인이 언급된다. 그는 아리스타쿠스(BC 310~BC 230)로, 천동설과 대조되는 지동설을 주장했다. 그녀는 그 이론을 진지하게 검토하기 시작한다. 하지만 이런 그녀의 행적은 사실이 아니라 영화적 상상이다. 이런 인식의 변화는 17세기를 전후로 하여 실제 일어나게 된다.

코페르니쿠스(1473~1543)는 천동설적 세계관에 대적하는 지동설을 주장한 최초의 근대인으로 여겨진다. 하지만 그가 지동설을 진지하고 과감하게 주장한 것은 아니었다. 상상 가능한 하나의 안으로 살며 제안해본 것뿐이었다. 그렇게 상상한 이유는 간단했다. 그 이전의 프톨레마이오스의 체계에는 너무 많은 원이 있었다. 그 결과 그 체계는 너무 너저분했고 아름답지 않았다. 신의 법칙이라 하기에는 어울리지 않았다. 그래서 지구가 아닌 태양을 중심에 둔 체계를 상상하여 제안한 것이었다. 그러면 필요한 원의 개수도 줄어들며 간단명료해지니까!

코페르니쿠스에게서도 행성의 궤도는 여전히 원이었다. 행성은 원운동한다는 고대의 철학적 가르침을 충실히 따랐다. 이 부분에 대한 수정은 케플러에 의해서 이뤄졌다. 그는 천문학자 티코 브라헤가 평생 관측하여 얻어놓은 결과를 바탕으로 행성의 궤도가 타원이라는 결론을 얻어냈다. 그렇게 해서 고대로부터 시작된 원운동에 대한 집착에서 비로소 벗어나게 된다. 〈아고라〉에서 히피티아 역시 그런 결론에 다다른다. 그러나 방법은 달랐다.

원과 타원은 다르지 않아!

히파티아는 고민에 고민을 거듭한 결과 태양을 우주의 중심에 두는 안에 다다랐다. 그러나 문제는 여전했다. 행성의 역행이나 변화를 원운동으로는 설명할 수 없었던 것이다. 그때 그녀의 눈에 들어온 것은 아폴로니오스의 원추곡선이었다.

원추곡선이란 원뿔을 평면으로 잘랐을 때 생겨나는 도형을 이르는 말이다. 원뿔을 어떻게 자르느냐에 따라서 그 모양은 달라지는데, 총 네 가지 모양이 나타난다. 원, 타원, 포물, 쌍곡선이 그것이다. 원추곡선에 대한 책까지 썼을

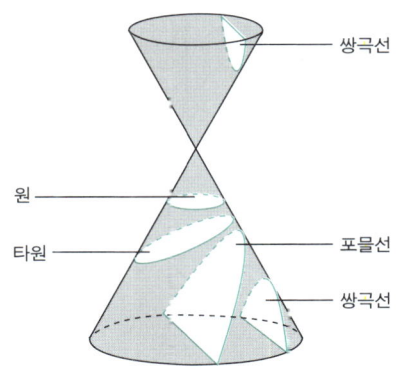

정도니 그녀가 이 주제로 연구를 많이 했음은 틀림없다.

그녀는 행성의 궤도가 태양을 중심으로 하되 원이 아닌 다른 모양이어야 함을 직감한다. 그러나 그 궤도는 분명 원이어야 했다. 그것은 플라톤 철학에서 기본적으로 전제하는 것이기 때문이다. 결론은 원이되 원이 아니어야 했다. 그럴 수 있을까? 모순이자 말도 안 되게 보였던 이 문제는 원과 타원의 관계를 파악하고 나자 자연스럽게 풀린다.

원추곡선은 분명 모양이 다르다. 그러나 그 곡선들은 원뿔이라는 하나의 도형에서 얻어진다는 공통점이 있다. 원추곡선은 다른 것 같지만, 다르기만 한 것은 아니라는 얘기다. 달리 보면 원은 타원의 일종이 되고 만다.

타원은 두 개의 중심을 갖는다. 타원은 두 중심으로부터 거리의 합이 언제나 일정한 도형이다. 만약 두 중심이 점점 가까워진다면 어떻게 될까? 중심을 가깝게 하면서 타원을 작도해간다면 그 모양은 무엇에 가까워질까? 그렇다. 그것은 원 모양에 가까워진다.

원이란 두 중심이 같은 타원이라 할 수 있다. 원이란 굉장히 극적인 타원이 되고 만다. 따라서 행성의 궤도를 타원으로 설명한다고 해서 원운동이라는 전제를 무시한 것은 아니다. 그렇게 해서 히파티아의 고민은 타원을 통해서 한방에 해결돼버린다. 행성의 궤도는 원이 변형된 도형인 타원이었던 것이다.

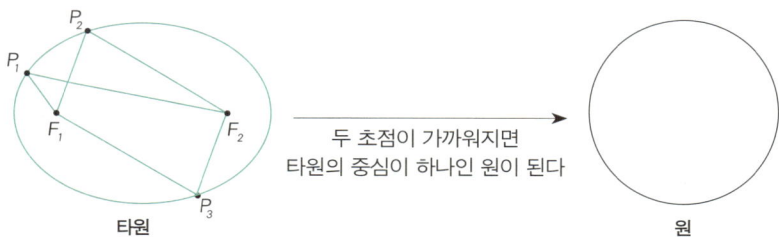

$\overline{P_1F_1}+\overline{P_1F_2}=\overline{P_2F_1}+\overline{P_2F_2}=\overline{P_3F_1}+\overline{P_3F_2}$

히파티아에 대한 신화

영화에서 히파티아는 지동설과 행성의 타원궤도를 알아낸 것으로 묘사되지만, 그것을 뒷받침할 구체적인 기록은 없다. 그녀가 플라톤 철학을 따랐으며, 아폴로니오스에 대한 책을 쓴 것으로 봐서는 오히려 지동설적 세계관을 지니기는 어려웠을 것으로 보인다.

그녀의 죽음에 대한 해석도 다를 수 있다. 분명 그녀는 기독교도에 의해 살해되었다. 그렇다고 해서 그녀의 죽음을 종교와 철학, 신앙과 이성의 대립에 의한 것으로 보는 것은 적절치 않다. 이런 해석은 그녀의 기막힌 죽음에 대한 과도한 해석에 따른 것이다. 종교와 정치의 대립적인 시공간 미모의 여성 학자, 비극적인 죽음이 섞여 전승되는 과정에서 신화화돼버린 것이다.

실제로 그녀와 기독고의 관계는 원만했다고 한다. 기독교도들을 제자로 삼았다는 것도 구체적인 증거다. 따라서 그녀의 죽음을 기독교에 의한 희생으로 보는 것은 적절치 않다. 사실 그녀는 알렉산드리아의 패권을 놓고 승부를 벌이던 주교와 총독의 정치적 희생제물이었다. 정치적 야심을 위해 주교가 일부러 특정 기독교도들을 자극하고 호도해 정적의 후원자인 그녀를 제거해버린 것이다.

시대를 거슬러온 힘, 수학

〈아고라〉에서 히파티아는 원에 대한 전통을 뒤집고 타원이라는 새로운 결론을 제시한다. 삶에 있어서도 수많은 남성들, 심지어는 정치와 종교의 권력자 앞에서도 언제나 당당했다. 그녀에게 신분이나 지위는 문제가 되지 않았다. 그녀에게는 그럴 만한 힘이 있었다. 그것은 수학과 철학이었다. 수학은 이렇듯 무엇이 옳은 것인가를 보여주며, 시대를 거스를 수 있는 힘이 돼줬다.

옛날옛적 호랑이 담배 피던 시절로 시작되는 신화의 세계를 떠올려보자. 신화의 세계에서는 일어나지 못할 일이 없다. 사람이 동물이 되고, 죽었다가 살아나고, 동에 번쩍 서에 번쩍 할 수 있다. 이 세계는 의미를 중심으로 모든 일들이 비현실적으로 구성된다. 비현실일수록 그 의미는 더욱 빛을 발한다. 하지만 그 의미를 의미로 받아들이지 못할 때 신화는 진실이 아닌 허구가 돼버린다. 말도 안 되는 우스운 이야기로 전락해버린다. 신화적 세계를 허물고 새로운 세계를 형성해 갈 때가 온 것이다. 여기에서 수학은 그 몫을 톡톡히 해냈다.

합리적이며 논리적인 세계, 이것이 신화적 세계를 대체하며 수학이 제시한 모델이었다. 수학에는 신화와 달리 합리적인 과정이 있다. 수학은 이유를 묻고 따진다. 그 과정에서 결론의 진실성 여부는 판가름 난다. 이런 수학의 특성은 아마도 신화적 세계에 질려버린 사람들에게 하나의 대안이 되었을 것이다. 고대 그리스인들은 수학과 더불어 합리적인 이유를 묻는 철학의 세계를 형성했다. 그 세계에서 진실은 논리를 통해 증명되어야 했다.

이제 논리가 중요해졌다. 철학은 말할 것도 없고, 철학을 넘어선 신학에서도 그렇게 됐다. 토마스 아퀴나스 같은 이도 신의 존재를 증명하려고 하지 않았던가? 이렇듯 논리가 중요해지면서 논리의 병폐 또한 드러나게 된다. 비논리적인 것들은 진실의 영역에서 밀려났다. 또한 논리적 일관성이 우선시되면서 현실은 이차적인 것으로 밀려나게 된다. 논리적으로 타당한 것이 먼저였고, 거기에 현실을 꿰어 맞춰가는 양상이 두드러졌다. 플라톤 철학을 바탕으로 한 천동설적 세계관이 대표적인 예이다.

논리가 우선시되는 철학은 도서관에 처박혀 지내는 철학자에게 매력적일 수 있다. 그러나 현실에 익숙한 사람들에게 그것은 명백한 오류일 수밖에 없다. 고로 그런 철학은 사실도 아니고, 진실은 더더욱 아닌 게 된다. 논리에 갇혀 현실을 보지도 못하고 설명도 못 하는 철

| 라파엘로, 〈아테네 학당〉, 1510~1511 |

수학 앞에서 모든 사람은 평등하다.

학은 대체되어야 했다. 이때 수학이 다시 등장했다.

    수량적 세계관, 이것은 수학이 새롭게 제시한 모델이었다. 수량적 세계관이란 모든 현상을 수로 표현하여 바라보고 해석해가는 세계관이다. 이런 세계관은 근대를 야기한 과학혁명의 기본적인 전제가 되었다. 근대 이전에도 과학은 존재했다. 그러나 그것은 과학의 옛말처럼 자연철학이었다. 자연은 철학이라는 울타리에 묶여 있어야 했고, 그 안에 맞춰져야 했다. 그러나 수량적 세계관은 그것을 거부했다. 정말 그러한지 아닌지의 여부는 수량적 방법을 통해 실제 확인해봐야 했다.

    수학이 있어서 히파티아는 당당할 수 있었다. 당시 그녀는 여성으로서 정치적으로나 철학적으로 차별을 받았다. 그럼에도 불구하고 그녀는 그런 차별을 극복했다. 수학이 많은 힘을 줬음에 틀림 없다. 수학 앞에서 모든 사람은 평등하다. 정답만이 중요하다. 하지만 그녀도 그녀를 후원해준 아버지가 없었더라면 그런 차별을 넘어서기 어려웠을 것이다. 이러한 사회적 제약 때문에 역사상 여성 수학자는 드물었다. 그리고 그들 대부분이 애석하게도 히파티아처럼 남편이나 부모를 포함한 남성들의 후원에 힘입었다

우주 공통의 언어, 수

• 콘택트 •

〈콘택트〉(1997)는 외계인과의 접촉을 소재로 한 명작이다. 신비한 우주를 다룬 과학영화지만 종교, 철학, 문명 등 다방면에 걸친 이슈들을 폭넓고 재미있게 다룬다. 영상이 아름답고 현실감 있어서 정말 우주여행을 하며 외계인을 만나는 듯한 감각을 느끼게 된다. 영화를 보고 나면 정말 외계인이 있을 것 같고, 외계인과 곧 조우할 것 같은 기분이 든다. 그때를 생각하며 하늘을 자꾸 쳐다보게도 만든다. 명작으로 이렇게 오래 남을 수 있었던 가장 큰 이유는 원작 소설 『콘택트』가 워낙 탁월하기 때문이다.

수학 하는 천문학자

저명한 천문학자 칼 세이건이 〈콘택트〉의 원작자다. 그는 외계에 또 다른 지적인 생명체가 존재할 것이라 믿었으며, 그러한 연구활동을 벌이기도 했다. 영화에서도 언급되는 SETI(Search for Extra-Terrestrial Intelligence), 즉 외계 지적생명체 탐사의 후원자이기도 했다. 따라서 그의 소설에는 우주에 대한 천문학적 정보, 외계인에 대한 그의 관심과 입장, 그의 활동을 통하여 얻은 각종각색의 지식과 정보들이 고스란히 녹아들어 있다.

'신의 존재 여부'와 '신에 대한 종교와 과학의 문제'는 영화에서 주요하게 다뤄지는 쟁점 중 하나다. 그는 과학자였지만 무신론자는 아니었다. 지금 우리가 알고 있는 지식만으로는 무신론자가 되기 어렵고, 정말 무신론자가 되려면 보다 더 많은 지식이 필요하다는 것이 이유였다.

한편으로 이 영화는 매우 수학적인 영화다. '원작자가 과학자였으니만큼 당연히 그렇겠지'라고 쉽게 말할 수도 있을 것이다. 그러나 칼 세이건이 처음부터 수학을 좋아한 것은 아니었다고 한다. 그는 어려서부터 별에 대해 관심을 가졌고, 만화나 공상과학을 좋아했다. 그가 다닌 고등학교는 과학적으로 별로 뛰어날 게 없는 평범한 학교였기에 그는 독서로 자신의 호기심을 해소해나갔다. 그때 아서 찰스 클라크의 『성간 비행(Interplanetary Flight)』을 접하고 나서 수학의 중요성을 깨닫게 된다. 그때까지 그는 미분을 쓸모 없으면서 학생들을 괴롭히는 분야 정도로만 봤다. 그런데 그 책을 통해 미분이 행성들 사이의 궤도 계산에 사용된다는 사실을 알고서 미분을 다시 보게 됐다.

외계인과의 만남을 다룬 영화에서 수학이 뭘 할 수 있을까? 비행선을 만들거나, 비행선을 조정하거나, 우주 여행 시 거리를 측정할 때 정도로 생각하기 쉽다. 그러나 영화에서는 수학을 단지 도구나 기술적인 용도로만 사용한 것이 아니다. 우주 자체를 매우 수학적으로 묘사하고 있다. 아마도 우주를 수학적으로 바라봤던 전통적 세계관을 반영한 것 같다. 우주에서도 통용될 수 있을 수학의 힘을 확인해보자.

외계 문명의 수를 계산하는 방정식

주인공 엘리는 천문학자다. 그녀는 어린 시절부터 별을 사랑하며 연구해왔다. 공상과 현실을 오가며 그녀는 과학과 수학에 탁월한 재능을 발휘한다. 그걸 상징하듯 과학과 수학으로 유명한 미국 대학인 MIT와 칼텍(Caltech)을 졸업했다. 그녀는 발달한 기술문명을 이용해 외계인과의 접촉을 꿈꾸며 오로지 한 길을 걸어간다. 우직한 그녀는 외계인들이 보낼 신호를 무작정 기다리며 세월을 보내고 있었다.

외계인이 존재할까? 밤하늘을 쳐다보며 누구나 한번쯤 이런 질문을 해봤을 것이다. 엘리는 외계인의 존재를 믿는다. 이 넓은 우주에 지구에만 생명체가 있다면 낭비가 아니겠냐는 우스개 소리도 한다. 일리 있는 말이다. 지금도 우리는 수시로 UFO에 관한 기사를 접한다. 외계에 생명체가 있을 것이라는 주장은 오래전부터 있어왔다.

고대 그리스인 에피쿠로스는 "우주는 무한하다. 그래서 우리가 모르는 생명체가 사는 곳도 수없이 많을 것"이라고, 고대 로마인 루크레티우스는 "우주 어딘가 우리 지구와 같은 것이 있어 사람이나 동물이 살고 있을 것"[23]이라고, 조선시대 학자인 홍대용은 "우주는 무한하고, 지구가 그 중심이 아닐 수 있으므로, 생각할 수 있는 생물이 지구에만 있지는 않을 것"[24]이라고 주장했다고 한다.

엘리는 보다 과학적인 추정을 통해 외계 생명체의 존재 가능성을 언급한다. 여기에는 확률이라는 방법이 쓰였다. 확률의 범위를 좁혀가며 얻은 수치로 그녀는 수백만의 문명이 존재할 수 있다고 이야기한다. 우리 은하에는 4000억 개의 별이 있는데, 그중 위성을 가지고 있을 확률, 그 위성 중 생명체가 존재할 확률, 그 생명체가 충분히 지적일 확률을 따져보는 것이다. 그런데 이런 식으로 지적 생명체의 존재를 추정하는 방법은 실제로 시도되었다.

드레이크 방정식이라는 게 있다. 1960년대에 드레이크라는 과학자가 인간과 교신할 정도의 지적 생명체의 개수를 수식으로 나타냈다. 여기에는 총 7가지의 변수가 포함되어 있는데, 식은 의외로 단순하다.

$$N = R^* \times f_p \times n_e \times f_l \times f_i \times f_c \times L$$

N : 우리 은하 내에 존재하는 교신이 가능한 문명의 수
R^* : 우리 은하 안에서 항성이 탄생할 확률
f_p : 항성들이 행성을 갖고 있을 확률
n_e : 항성에 속한 행성들 중에서 생명체가 살 수 있는 행성의 확률
f_l : 조건을 갖춘 행성에서 실제로 생명체가 탄생할 확률
f_i : 탄생한 생명체가 지적 생명체로 진화할 확률
f_c : 지적 생명체가 다른 별에 자신의 존재를 알릴 수 있는 통신 기술을 갖고 있을 확률
L : 통신 기술을 갖고 있는 지적 생명체가 존속할 수 있는 기간(단위: 년)

우리가 외계인과 접촉하려면 그 외계인이 먼저 살아 있어야 하고, 살아 있으되 접촉을 시도해야 하며, 그러려면 지적으로 발달되어야 하고, 그보다 먼저 생명체로 탄생되어야 한다. 생명체가 탄생하려면 행성이 필요한데, 그 행성은 또한 항성으로부터, 그 항성은 우리 은하로부터 생성된다. 이런 모든 확률을 따져보는 것이다. 이때 방정식 각 항의 값들은 절대적으로 정해져 있지 않다. 어떻게 추정하느냐에 따라서 그 값은 달라진다. 드레이크가 1961년에 사용한 값은 $R^*=10/$년, $f_p=0.5$, $n_e=2$, $f_l=1$, $f_i=0.01$, $f_c=0.01$, $L=10000$년이다. 이걸 다 입력해 계산해보면 $N=10$이 나온다. 4000억 개 중에서 10개면 확률은 400억 분의 1, 극히 미미한 확률이다.

외계인과도 통하는 언어, 수

확률은 미미했지만, 그런 날이 올 거라고 믿으며 엘리는 신호를 기다렸다. 모든 것이 수포로 돌아갈 무렵 그녀는 광야에서 신호를 포착한다. 이렇게 외계인과의 드라마틱한 만남이 시작된다.

외계인을 어렵게 만났다고 하자. 그다음은? 외계인과의 만남을 상상해본 사람은 많겠지만, 그 만남의 구체적인 모습을 상세하고 집요하게 생각해본 사람은 드물 것이다. 고작해야 〈E. T.〉 같은 영화에서 봤을 법한 이미지를 떠올리기 쉽다. 그러나 〈콘택트〉는 만남 이후의 모습과 과정을 매우 구체적으로 보여준다.

생면부지의 외계인과 딱 맞닥뜨렸을 때 가장 문제가 되는 것은 뭘까? 반갑고 신기해서 웃을 수도 있고, 밑도 끝도 없이 불안해서 두려움에 떨 수도 있다. 그런데 우리의 이런 느낌이 외계인에게도 고스란히 전해질 수 있을까? 아마 외계인과의 소통이 가장 큰 문제가 될 것이다. 무슨 말과 언어를 써야 할까? 〈콘택트〉에서는 인간이 만들어 놓은 언어 중 외계인과의 소통에 가장 적합할 것으로 보이는 언어를 제시한다. 수학이 바로 그것이다.

정체불명의 신호를 포착한 엘리는 그 신호의 정체 파악에 나선다. 그 신호는 일정 횟수만큼 반복되다가 끊기고 다시 일정 횟수만큼 반복되었다. 그녀는 그 신호의 횟수를 세어 적어봤다.

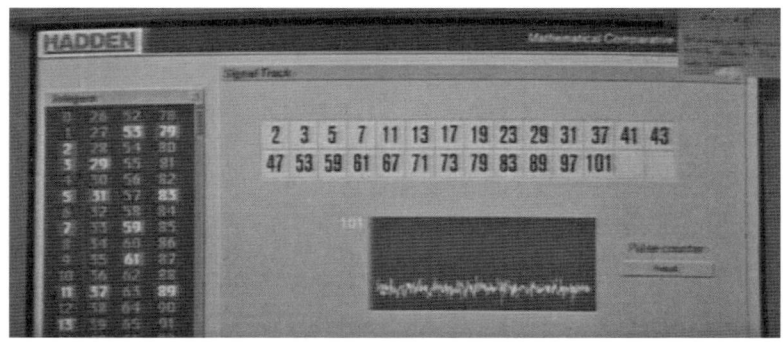

엘리는 그 의미를 단번에 알아챈다. 그것은 2부터 연속하는 소수 26개였다. 굳이 26개의 소수로 설정한 것은 아마도 26광년 떨어진 베가성에서 보내진 신호이기 때문인 것 같다. 엘리는 외계인들이 의미 있는 신호를 보낼 정도로 지능을 갖춘 생명체라고 해석한다. 소수로 표현된 신호는 외계인들이 지구인들과 접촉을 시도하기 위해 보낸 인사였던 셈이다. 이로써 외계인과 지구인은 무사히 소통해가기 시작했다. 그 채널은 다름 아닌 수였다.

수많은 언어 중에서 왜 수였을까? 아니 수가 언어로써도 쓰일 수 있단 말인가? 이런 의문을 품을 수 있다. 엘리는 단호하게 그 이유를 말한다. 그것은 아마도 지구인의 70%가 서로 다른 언어를 사용하기 때문이라고, 수학만이 진실로 범우주적인 유일한 언어라고!

엘리의 얘기는 옳다. 수를 하나의 언어로 본다면, 수는 이제껏 창조된 언어 중에서 가장 오래되었을 뿐만 아니라 가장 보편적인 언어다. 일반적인 언어는 그 언어의 사용범위를 벗어나서는 사용될 수 없다. 심지어는 같은 언어집단 내에서도 오해와 오류를 불러일으키기 일쑤다. 하지만 수는 그렇지 않다. 수는 시대와 장소, 사람에 상관없이 명료하게 그 의미를 전달할 수 있다.

누군가는 아무리 수가 공통의 언어라 하더라도 표기법이 저마다 다른 것 아니냐고 반문할 수도 있다. 맞는 얘기다. 아라비아 숫자와 한자 숫자는 똑같이 숫자지만 소통하기는 어렵다. 그러나 그런 표기법을 거슬러 올라가보면 누구나 이해 가능한 표기법이 있다. 그것은 초기 인류가 선보인 것으로 대상 하나를 점이나 선 하나로 대응시켜 표시하는 것이다. 이 방법이면 어떤 지구인들에게도, 외계인들에게도 통용될 수 있다. 해답은 우리 안에 오래전부터 있었던 것이다.

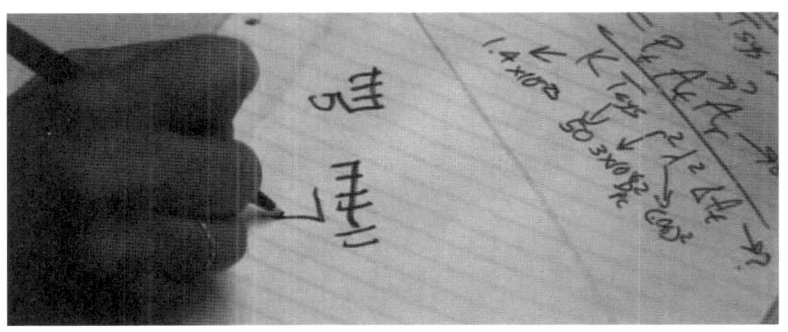

언어 해석의 지침서, 논리

외계인들은 소수를 뜻하는 신호 외에 의미 있는 정보를 보냈다. 그중 하나는 1936년에 지구에서 우주로 송출한 첫 번째 전파로서 히틀러가 올림픽에서 연설하는 모습이었다. 이것은 외계인이 지구에서 보낸 그 신호를 접수하였음을 보여주는 것이었다. 26광년 떨어진 곳이었기에 오고 가는 데 걸린 시간인 52년 이상이 지난 후에 도착한 것이었다. 이것은 어떤 것도 빛보다 더 빠를 수 없다는 아인슈타인의 특수상대성이론을 그대로 반영한 것이다.

여기에 또 다른 중요한 정보 하나가 외계인들이 보낸 신호에 포함되어 있었다. 무슨 도면과 같은 것으로 수만 페이지에 달하는 것이었다. 처음 엘리 팀은 그 도면의 의미를 풀이해내지 못했다. 각 도면의 순서를 달리하여 10억 개 이상의 조합을 해봤으나 허사였다. 각 도면의 4분의 3이 맞지 않았다. 알고 보니 그것은 평면이 아닌 3차원으로 결합되는 도면이었다. 외계인의 차원은 지구인보다 한 차원 높았던 것이다.

구슬이 서 말이라도 꿰어야 보배다. 도면을 결합했더라도 도면을 읽고 해설해갈 수 있는 지침서가 없다면 도면은 아무 의미가 없어진다. 그렇지만 외계인은 지구인보다 한 차원 높은 생명체였다. 그들은 도면의 지침이 될 단서를 도면에 넣어두었다. 도면을 해석해낼 기본적인 규칙, 일종의 논리가 있었던 것이다. 그것은 다음과 같았다.

점 모양은 수 1에 해당한다. 수와 수 사이는 선을 통해서 구분되어 있다. 두 개의 수 다음에는 두 수를 더한 수가 나온다. 그 계산이 맞았을 때와 틀렸을 때를 의미하는 기호도 표시되어 있다. 명제의 참과 거짓을 나타내는 기본적인 사항들인데, 지구인들이 사용하는 덧셈법과 동일한 것이다.

수학은 수와 계산으로부터 시작되었다. 점으로부터 다양한 수가, 덧셈으로부터 다양한 계산법이 만들어졌다. 그러니 점과 덧셈은 수학의 시작이요 토대라고 할 수 있다. 이 토대만 제대로, 분명하게 정의된다면 나머지 사항들은 이 토대로부터 유추될 수 있다. 1+1=2를 굳이 증명하고자 한 이유가 그것이다.

우주의 모습, 기하학

〈콘택트〉에서의 수학 사랑은 수에서 그치지 않는다. 기하학의 흔적도 찾아볼 수 있다.

이 모습은 우주선을 타고 베가성 상공에 도착한 엘리가 내려다본 베가성의 모습이다. 베가성에 새겨진 무늬거나 도시가 아닐까 싶다. 그 모습이 매우 기하학적이다. 원과 직선을 기본으로 하여 구성된 이것은 마치 스톤 헨지와 같은 초기 인류들의 작품에서 많이 보여지던 기하학적 무늬와 비슷하다.

기하학적 세계관이 가장 강렬하게 투사된 것은 다름 아닌 우주선의 모습이다. 외계인이 보낸 설계도에 근거해서 만들어진 우주선은 과연 어떤 모습일까? 우리가 지금껏 접해보지 못한 독특한 모양으로 묘사될 수도 있었겠지만, 〈콘택트〉에서는 우리가 한 번쯤 봤을 법한 친근한 모양으로 등장한다.

영화 속 우주선의 기본 원리는 이렇다. 지구인을 태운 우주선은 원자핵을 돌고 있는 전자 모양과 같은 곳으로 들어가게 된다. 아마도 웜홀을 통해서 시공간 여행을 하게 된다는 이야기 때문인 듯하다. 이런 여행과 밀접한 관련이 있는 것은 양자역학인데, 이것은 원자와 같은 미시세계를 다루는 것이다. 이 장치가 가동되기 시작하면서 그 안으로 들어가게 될 우주선의 모습이 공개된다. 그런데 자세히 보면 그것은 다름 아닌 정오각형으로 둘러싸인 다면체다. 아마도 정십이면체가 아닐까 싶다. 갑자기 정오각형으로 둘러싸인 다면체라니, 이건 또

무슨 상황? 이런 설정은 기하학의 전통으로부터 유래됐다.

정다면체는 정다각형으로 둘러싸인 입체도형으로 딱 다섯 개밖에 없다. 그리고 정다면체를 구성하는 정다각형은 정삼각형, 정사각형, 정오각형 딱 세 개다. 합동인 도형으로 둘러싸였다는 아름다움뿐만 아니라 다섯 개밖에 존재하지 않는다는 희소성으로 인해 정다면체는 고대로부터 관심의 대상이 되어왔다.

정다면체 하면 떠오르는 대표적인 인물이 플라톤이다. 그는 그의 책 『티마이오스』에서 정다면체를 그리스에서 유행하던 4원소설과 관련 지었다. 정사면체는 불, 정육면체는 흙, 정팔면체는 공기, 정이십면체는 물과 연결시켰다. 여기에서 빠진 정십이면체는 지구가 아닌 우주를 구성하는 원소인 에테르와 연결시키는 대범함을 보였다. 확인할 길이 없었으니 플라톤이 틀렸다고도 할 수 없었다. 이후 정오각형이나 정십이면체는 우주와 관련된 상징적인 이미지로 사용도 었다. 〈콘택트〉에서의 우주선도 그 상징을 이어받은 것이다.

수만으로는 부족해!

수학은 외계인과의 접촉을 가능케 하는 언어로 묘사되었다. 그 구체적인 모습은 아주 간단했다. 초기 인류가 우리에게 선사해준 점과 선이었다. 쉽고 간단한 점과 선으로부터 수학과 지구적인 문명은 건설되었다. 그리고 그것은 이제 외계인과의 소통 채널로 점쳐지며 우주로 뻗어갈 채비를 하고 있다.

하지만 점과 선만으로 모든 문제가 해결되지는 않을 것이다. 점과 선은 매우 추상적인 데다가 크기를 나타내는 기호이다. 크기나 자연수 정도를 표현할 수 있다. 간단해서 쉽게 알아볼 수는 있지만, 정말 간단한 것밖에 표현할 수가 없다. 보다 세밀한 크기를 나타낸다거나, 크기가 아닌 다양한 감정과 생각을 표현하기에는 역부족이다. 인류가 점과 선 이래로 다양한 수와 언어를 만들어냈던 것처럼 우주에서도 마찬가지가 아닐까 싶다. 그것은 언젠가 있을 구체적인 만남과 부딪침 속에서 우리 앞에 그 모습을 드러내게 될 것이다. 그 걱정일랑 나중에 하고 우선 외계인과의 만남을 기대해보자.

수학이 도대체 뭐야?

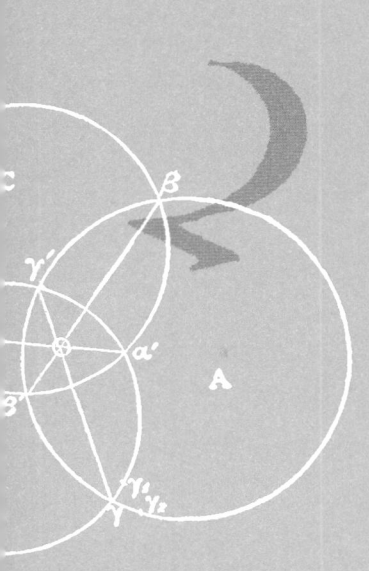

수학의 왕도, 묻고 또 물어라!

• 아이큐 •

아인슈타인! 20세기를 대표하는 과학자다. $E=mc^2$라는 공식으로도 유명한 그는 천재 물리학자로 통한다. 그는 고독하고 외로운 이미지의 특출한 천재상과는 거리가 멀었다. 친근하고 대중적인 이미지로 과학자임에도 연예인 못지않은 인기를 누렸다. 섹시 심볼의 대명사인 마릴린 먼로와 염문설이 나돌기도 했고, 이스라엘의 대통령으로 추대받기도 했으며 바이올린을 잘 켠 음악가로도 알려져 있다. 그가 죽은 지 50여 년이 지난 지금도 그의 얼굴과 이름은 여전히 광고에 활용되고 있다. 이름이 들어간 책은 기본이고, 우유, 전자사전, 퍼즐 등 지능을 좋게 하는 제품에 특히 인기가 좋다.

《포브스》보도에 따르면 아인슈타인의 얼굴과 이름, 지적재산권 등으로 벌어들이는 돈은 연간 1000만 달러로 추산된다고 한다. 이 모든 수익은 법적으로 히브리 대학에 귀속된다. 왜냐하면 아인슈타인은 죽으면서 그의 모든 재산을 가족이 아닌 이 대학에 기부했기 때문이다. 아인슈타인은 이 대학의 공동설립자이기도 하다. 사후에 아인슈타인보다 더 많은 돈을 버는 사람은 전 세계적으로 일곱 명에 불과하다고 한다.[25]

아인슈타인은 이렇듯 과학과 천재의 아이콘이자 신화로 자리 잡았다. 신화가 그렇듯 그에 관한 이야기는 사실과 허구가 뒤범벅되어 입에서 입으로 전해지고 있다. 그의 말이라면 팥으로 메주를 쑨다고 해도 믿어질 정도다. 이런 그의 주장에 대해 틀렸다고 반박할 수 있으려면 대단한 용기와 천재적인 지능마저 갖고 있어야 한다. 보통 사람이라면 불가능하다. 그러나 수학자라면 가능하다. 수학은 어떤 누구에게라도 문제를 제기하고 틀린 것을 틀렸다라고 말할 수 있는 힘을 준다. 〈아이큐〉는 수학의 그런 힘을 잘 보여주는 유쾌한 영화다.

있지도 않은 시간을 어떻게 낭비하나?

영화는 아인슈타인의 중요한 무대였던 미국 프린스턴고등연구소를 배경으로 한다. 이곳은 1930년에 설립된 연구소로, 아인슈타인은 설립과 더불어 초빙되어 연구활동을 했다. 이곳은 순수학문의 메카와 같은 곳으로 발전하였는데 많은 학자들이 거쳐갔다. 게임이론으로 유명한 노벨 수상자 존 내쉬, 불완전성의 정리로 대표되는 수학자인 쿠르트 괴델, 미국의 원자폭탄 제조 프로젝트를 지휘한 오펜하이머, 페르마의 마지막 정리를 증명한 앤드루 와일즈 같은 학자들도 이곳을 거쳐갔다.

아인슈타인은 이곳에서 친구들과 함께 등장한다. 그들은 아인슈타인과 학문적으로 절친했던 인물로, 쿠르트 괴델과 보리스 포돌스키, 네이선 로젠이다. 쿠르트 괴델은 프린스턴고등연구소에서 아인슈타인과 깊은 우정을 나눈 인물이었고, 나머지 두 명은 아인슈타인과 함께 EPR 역설로 유명한 인물들이다. EPR 역설이란 새롭게 등장한 양자역학에 반대하기 위해 1935년에 논문으로 발표한 주장이다. 이 동료들은 실제 아인슈타인보다 17세에서 많게는 30세가량 더 어렸다. 그러나 영화에서는 비슷한 연령대의 노년 학자로 등장한다.

과학자인 이들은 영화를 이끌어가며 과학에서 다루는 이슈들을 유쾌하게 소개한다. 가장 대표적인 것이 '시간은 존재하는가?'라는 질문이다. 이 대화는 정원에서 배드민턴을 치면서 이뤄진다.

괴델이 시간 낭비 말고 어서 서브를 넣으라고 하자 다른 친구가 있지도 않은 시간을 어떻게 낭비하느냐고 응수한다. 시간이 존재하지 않는다고? 그렇다는 그의 말에 언제부터 시간이 존재하지 않았냐고 되묻자 대답이 더 멋지다. 시간이 존재하지도 않았는데 언제란 것 자체가 있을 수 없다는 것이다. 억지이론이라는 비아냥이 따르자, 그 친구는 지금 정혹한 시각을 말해보라고 한다.

지금 시각을 말해보자. 오전 10시 55분이라고 하자. 말하는 그 순간 현재는 과거가 돼버린다. 그렇다고 앞질러서 이야기할 수도 없다. 현재는 현재라고 말하는 순간 과거가 돼버린다. 고로 현재도 없고, 시간이란 것도 없게 돼버린다. 일리 있는 이야기 아닌가? 시간이 무엇이냐는 질문은 인류가 오랫동안 품어온 물음이다. 아인슈타인도 상대성이론에서 시간을 다뤘다.

조카의 남자친구를 바꿔라!

그렇다고 아인슈타인 일당이 책상에 앉아 이론적인 이야기만 한 것은 아니다. 그들은 역사를 뒤바꿔놓을 혁명적인 일을 꾸민다. 하지만 그것은 과학과 무관한 것이었다. 바로 아인슈타인이 사랑하는 여자 조카, 수학자 캐서린의 결혼상대를 뒤바꿔주는 중매쟁이 역할이다. 이 프로젝트는 비과학적인 것 같지만 두 개의 충돌하는 과학적 세계관이 반영돼 있다.

캐서린에게는 결혼하기로 예정된 남자가 있었다. 하지만 아인슈타인 일당은 그를 좋아하지 않았다. 순리적으로 본다면 캐서린은 그와 결혼할 운명이었다. 그런 상황에서 우연히 캐서린에게 반한 에드가 나타나게 되고, 그를 맘에 들어 하던 그들은 캐서린의 결혼 상대로 바꾸려는 음모를 계획하고 실행에 옮기게 된다. 이 음모는 운명을 거스르는 것이고, 우연적인 개입을 인정하는 것이다.

아인슈타인은 양자역학에 반대했던 것으로 유명하다. 양자역학은 원자와 같은 미시세계에서의 역학을 설명하는 이론으로, 이 이론의 기본 요지는 하이젠베르크의 불확정성의 원리로 표현될 수 있다. 이것은 원자의 질량이나 운동량과 같은 물리량을 정확하게 확정할 수 없다는 것이다. 그런 값들은 확률적으로 존재하며, 다양한 값을 가질 수 있다. 그러나 아인슈타인은 '신은 주사위를 던지지 않는다'라는 유명한 말에서처럼 자연현상이 우연에 의해 확률적으로 존재한다는 것에 반대했다. 그런 그가 영화에서는 우연을 받아들인다.

자동차 수리공을 과학계의 신동으로 바꿔라!

에드는 자동차 수리공이다. 그는 과학에 관심이 많아 틈틈이 과학잡지를 공부해간다. 물론 아인슈타인을 존경한다. 특허청 직원으로 있으면서 틈틈이 공부했던 아인슈타인과 비슷한 처지다. 사람은 좋지만 자격이 문제다. 캐서린의 약혼자는 심리학 교수다. 그녀가 굳이 결혼하려는 이유도 그 사람의 지위와 지능 때문이었다. 그러니 그녀의 관심을 끌기 위해서는 지위는 아니더라도 대단한 지능의 소유자임을 보여야 했다. 우주를 들었다 놨다 하는 아인슈타인에게 그것은 별 문제가 아니었다. 그는 에드를 천재 과학자로 둔갑시켜버린다.

아인슈타인 일당은 에드가 그들과 과학적 토론을 벌이는 모습을 연출하고, 그걸 캐서린에게 살짝 보여준다. 그녀는 당연히 놀란다. 20세기 최고의 과학자들과 어깨를 나란히 하고 토론하는데 감히 의심할 수 있겠는가! 작전은 성공이었다. 그런데 그 작전은 이상하게 흘러간다. 그녀가 에드를 과학자 그룹의 공식적인 강연에 초대해, 강연을 해달라고 부탁한다. 그녀에게 빠져 있던 에드는 아무 생각 없이 수락하고 만다.

강연 주제는 우주선에서 사용 가능한 저온 핵융합 엔진에 관한 것이었다. 이것은 아인슈타인이 예전에 작성해뒀던 것으로, 미완성이어서 발표하지 않았던 것이었다. 우주 개발에 한창 열을 올리던 시절이라 그 주제는 대단한 관심거리였다. 잘만 한다면 에드는 제2의 아인슈타인과 같이 과학계의 혜성으로 등장할 수 있었다. 그러기 위해서는 치밀한 각본과 준비가 필요했다.

20세기를 바꾼 $E=mc^2$

$E=mc^2$(E: 에너지, m: 질량, c: 빛의 속도). 이 공식은 20세기를 화려하게 수놓은 공식이다. 쉽고 간단해서 일반인들도 많이 외우고 있다. 이 식으로 말미암아 핵과 핵폭탄의 시대가 열렸다. 20세기의 정치, 경제, 사회는 이 식 하나로 숱한 변화를 겪게 된다. 이 식은 간단명료한 수식의 위대함을 잘 보여준다.

$$E \quad = \quad mc^2$$
$$\text{에너지} \quad \leftrightarrow \quad \text{질량}$$

$E=mc^2$은 에너지와 질량이 상호 교환될 수 있음을 보여준다. 에너지가 질량으로, 질량이 에너지로 바뀔 수 있다. 물질이라는 유형의 존재가 에너지라는 무형의 존재와 같다는 거다. 이 식은 우주의 기원과 종말에 대한 상상을 가능케 한다. 물질은 에너지에 의해 생길 수 있다. 우주도 그렇게 생겨났을 것이다. 마찬가지로 이 물질 덩어리 또한 에너지의 형태로 얼마든지 사라질 수 있다.

빛의 속도를 고려하면 식의 의미는 더욱 구체화된다. 에너지는 30만 km 정도인 빛의 속도를 제곱한 것에 질량을 곱하면 된다. 그런데 c^2의 크기가 엄청나므로, 소량의 질량으로도 엄청난 에너지를 얻어낼 수 있다는 결론이 나온다. 어떤 조작을 통해 질량이 사라지게 할 수 있다면 그것은 에너지의 형태로 드러나게 된다. 이것이 핵폭탄의 원리다.

핵폭탄은 핵에 대한 조작을 통해 핵의 질량을 에너지로 바꾸는 것이다. 그 방법에는 두 가지가 있다. 핵분열과 핵융합이다. 하나는 핵의 분열 과정에서, 다른 하나는 핵의 융합 과정에서 질량을 사라지게 하여 그만큼의 에너지를 얻어낸다. 일반적인 핵폭탄은 핵분열이고, 수소폭탄이나 태양과 같은 행성에서 볼 수 있는 것이 핵융합이다.

에드의 아이디어는 저온에서 핵을 융합해 에너지를 얻고, 그 에너지로 우주선을 운행한다는 것이었다. 실용화만 된다면 우주시대를 열 수 있는 아이디어였기에, 캐서린이 에드에게 주목한 것이었다.

제논의 역설을 반박하다

아인슈타인 일당과 사랑의 힘으로 에드는 얼떨결에 핵융합에 관한 강연을 성공적으로 마치게 된다. 그리고 아인슈타인과 대화를 주고받으며 산책할 정도의 유명인사가 된다. 그러면서 에드와 캐서린은 가까워진다. 이게 두려웠던 건지 캐서린은 제논의 역설을 빌어 에드가 자신에게 다가올 수 없음을, 둘은 만날 수 없음을 넌지시 암시한다.

에드는 왜 다가갈 수 없냐고 묻는다. 캐서린은 다가오려면 먼저 둘 사이의 절반 지점을 지나야 하고, 그다음엔 또 남은 거리의 절반 지점을 지나야 하고, 그다음에도 또 그래야 하고, 그렇게 지나쳐야 할 지점이 무한히 많기에 영원히 다다를 수 없다고 말한다. 하지만 에드는 말도 안 된다는 듯이 성큼 다가가 캐서린을 포옹해버린다. 그렇게 둘은 만나게 된다.

에드의 당돌한 행진은 제논의 역설이 말 그대로 역설임을 말해준다. 스쳐 지나가야 할 좀이 무한하다고 해서 그 좀들을 스쳐 지나는데 무한한 시간이 걸리는 것은 아니다. 무한한 시간이 걸리려면 거리가 무한해야 하는데, 애당초 거리는 유한했다. 그러니 만날 수밖에 없는 것이다. 결국 점의 무한으로부터 시간의 무한을 이끌어내는 과정에서 논리적 비약이 있었던 것이다.

우리는 점이 무한히 모일 경우 거리, 즉 선의 길이도 무한해지는가를 확인해야 한다. 만약 그렇다면 직선이 아닌 유한한 선분의 경우에는 점의 개수가 유한해야 한다. 하지만 실은 그렇지 않다. 우리는 유한한 선분 안에 존재하는 점의 개수가 무한하다는 것을 알고 있다. 고로 점이 무한하다고 해서 선분의 길이가 결코 무한해지는 것은 아니다. 제논의 역설은 이걸 무시하고 점이 무한하니까 그 길이 역시 무한하다고 단정했기 때문에 발생한 것이다.

무한에 관한 칸토어의 연구는 여기서 더 나아간다. 그는 선분의 길이에 상관 없이 점의 개수는 모두 무한으로 같다고 했다. 무한하기만 한 것이 아니라 점의 개수가 같다는 것이다. 게다가 그는 1차원의 선분이 2차원의 평면도형과 3차원의 입체도형과도 같은 점의 개수를 갖는다고 했다. 길이나 크기, 차원에 상관 없이 모든 도형은 무한히 많은 점을 갖는다는 것이다. 놀랍지 않은가! 20세기에 이르러서야 이것이 명쾌하게 밝혀졌으니 고대 그리스에서 제논이 그렇게 주장한 것도, 제논의 주장을 적절히 반박하지 못한 것도 당연해 보인다.

무한이 더하면 곡선의 넓이도 알아낼 수 있다

무한의 합이 유한도 될 수 있고, 무한도 될 수 있다는 것은 수식을 통해서도 확인된다. 여기 수가 무한히 더해지는 두 개의 식이 있다.

$$1+\frac{1}{2}+\frac{1}{4}+\frac{1}{8}+\cdots$$

$$1+\frac{1}{2}+\frac{1}{3}+\frac{1}{4}+\frac{1}{5}+\cdots$$

앞의 식은 1과 2의 제곱수의 역수의 합이고, 뒤의 식은 1과 자연수의 역수의 합이다. 둘 다 무한히 많은 분수들을 더해간다. 그렇지만 결과는 다르다. 앞의 식은 그 합이 2에 가까워지고, 뒤의 식은 그 합이 무한히 커진다. 무한항의 합이 경우에 따라 이처럼 달라질 수 있다. 이와 같은 무한항의 합을 무한급수라고 한다. 무한급수가 앞의 식처럼 특정 값에 가까워지는 것을 수렴이라고 하고, 뒤의 식처럼 특정 값에 가까워지지 않는 모든 경우를 발산이라고 한다. 수렴이 아닌 모든 경우는 발산이 된다.

무한히 많은 점을 더한다고 해서 무한한 선분이 되지 않듯이 무한급수 역시 마찬가지다. 무한급수도 수렴의 경우처럼 딱 떨어지는 경우가 있고, 발산처럼 그 값을 정할 수 없는 경우가 있다. 그래서 무한급수에서는 수렴과 발산의 경우를 따져주고, 수렴하는 경우 어떤 값에 수렴하는가를 파악하는 것이 중요하다. 수렴하는 무한급수는 곡선의 넓이를 구하는 데에 유용하게 응용된다.

곡선 $f(x)$가 있다. $a \le x \le b$인 구간에 대해 $f(x)$와 x축으로 둘러싸인 부

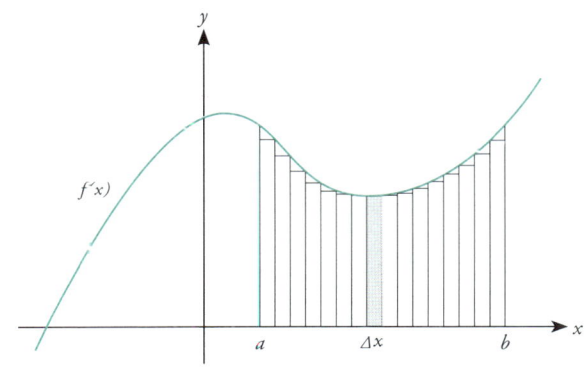

분의 넓이를 구한다고 하자. 먼저 $a \leq x \leq b$ 구간을 n개로 나눈 후 그림과 같이 직사각형들의 합을 생각한다. 그럼 곡선에 의해 둘러싸인 부분의 넓이와 일치하지는 않지만, 비슷한 넓이를 구할 수 있다. 그 정확도를 높이기 위해 $a \leq x \leq b$ 구간을 무한히 나눠버리면 무한히 많은, 거의 직선에 가까운 얇은 직사각형들이 존재하게 된다. 그 직사각형들의 합은 원래의 넓이와 거의 같은, 즉 곡선의 넓이가 된다.

여기서 무한히 많은 얇은 직사각형들의 합을 수식으로 표현해보자. 직사각형의 넓이는 곧 수로 표현될 테고, 그 수를 무한히 더하는 것이니 무한급수가 된다. 이 경우는 수렴하는 무한급수로, 그 수렴 값은 구하고자 하는 곡선의 넓이가 된다. 이것이 바로 적분의 원리이다. 이렇게 무한급수를 통해 직선이 아닌 곡선의 넓이도 구해낼 수 있다.

IQ보다는 호기심!

성공적인 데뷔를 한 에드는 일약 국가적 영웅으로 대접받는다. 그러자 캐서린의 약혼자는 에드를 시험해볼 요량으로 지능검사를 실시한다. 물론 아인슈타인 일당의 기상천외한 활약으로 이 시험 역시 뛰어난 실력으로 통과하며, 그의 천재성은 공식화돼버린다.

천재 하면 우리는 똑똑한 사람, 고로 IQ가 좋은 사람을 떠올린다. 일반적인 경험을 통해서 보자면 IQ가 좋은 사람이 똑똑하다는 것은 맞는 듯하다. 하지만 IQ가 좋다고 해서 모두 성공하는 것도 아니며, 성공했다고 평가받는 사람들 모두가 IQ가 좋은 것도 아니다. 이런 점 때문인지 기네스북에서도 IQ 기록을 1989년까지만 등재했다.

기네스북에 IQ가 가장 높은 사람으로 등재된 인물은 미국인 마릴린 사반트이다. 그녀의 IQ는 228로 1986년부터 1989년까지 IQ가 가장 높은 인물로 기록됐다. 그녀는 수학의 역사에서도 유명한 일화를 남겼다. 미국에서 수많은 논란과 말썽을 일으켰던 확률문제, 몬티 홀 문제를 야기시킨 장본인이기도 하다. 그녀는 "다릴린에게 물어보세요"라는 칼럼을 통해 독자들이 궁금해하는 어려운 질문에 답변해주는 칼럼니스트로 활동했다.

우리나라의 김웅용 씨도 IQ가 가장 높은 사람으로 1980년 기네스북에 기록된 바 있다. 그의 IQ는 210이었다. 그는 5세 때 방정식과 미적분 문제를 풀었고, 4개 국어를 한꺼번에 배우기도 했다. 한때 미국의 나사 연구원으로도 활동했으나 지금은 평범한 삶을 살아가고 있다고 한다.

수학 올림피아드의 역사에서 소설과 같은 이야깃거리를 제공한 인물로 타렌스 타오가 있다. 그의 IQ는 230 정도였다고 한다. 그는 8세 때 대학입학자격시험(SAT)에서 760점을 받았고, 11세 때부터는 수학 올림피아드에 출전하여 수 차례 수상을 한 바 있다. 20세에 프린스턴 대학에서 박사학위를 땄고, 24세에는 UCLA의 최연소 교수가 됐다. IQ 값을 톡톡히 하고 있는 셈이다.

IQ가 높다고 모두 뛰어난 것은 아니다. 한국의 멘사클럽 소속 700명의 회원을 대상으로 그들의 학창시절 성적을 조사한 바에 따르면, 최상위권에 속했다는 사람이 19%(254명 중 49명), 상위권에 속했다는 사람이 47%(254명 중 121명), 중하위권에 속했다는 사람이 23%(254명 중 61명)로 나타났다. 이들의 IQ는 최상위권이지만 학교 공부에서는 모두가 최상위권은 아니었다.

IQ 테스트는 인간의 지능을 가늠해보는 하나의 방법일 뿐이다. 과도한 집착은 해가 된다. 인간의 능력은 다양하고 복잡하기에 IQ만으로 그런 능력을 확인하는 것은 무리가 있다. IQ가 160 정도였지만 천재의 대명사가 된 아인슈타인도 이런 믿음을 지지해주는 발언들을 했다. 그는 끈기, 호기심, 열정, 직관과 같은 것을 강조하기도 했다. '나는 똑똑한 것이 아니라 단지 문제를 더 오래 연구할 뿐이다.' '나는 특별한 재능이 없다. 단지 열정적으로 호기심이 많을 뿐이다.' ' 단 하나 진실로 가치 있는 능력은 직관이다.'[27] IQ가 자기 맘에 들 정도로 나오지 않더라도 상심하지 말자. 그보다는 IQ 테스트가 포착하지 못한 자신의 재능을 찾아 개발해가는 것이 인생에 유익하리라.

Question everything!

에드와 아인슈타인 일당의 장난은 결국 들통난다. 그들은 난관에 봉착한다. 이실직고하고 잘못을 비는 수밖에 없는 상황으로 몰린다. 에드와 캐서린의 사이도 끝날 상황이 돼버린다. 이렇게 모든 것이 원 상태로 되돌아가려는 즈음에 판세를 굳혀버리는 일이 발생한다. 그것도 수학을 통해서.

캐서린은 에드의 발표를 검토하던 중에 찜찜한 구석을 발견한다. 그걸 문제 삼으려다 이내 포기해버린다. 아인슈타인 일당의 지위에 눌려 '맞겠지' 하고 넘어갔다. '저런 대학자들이 말했는데, 그들이 맞고 내가 틀린 거겠지' 했다. 누구라도 그렇게 했을 것이다. 그러나 나중에 그녀는 도저히 그럴 수 없었는지, 자신에게 힘을 주는 한마디를 칠판에 적는다.

"Question everything!"

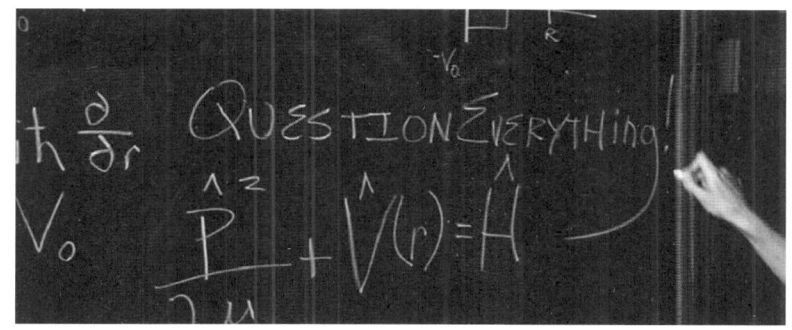

모든 것을 문제 삼고 질문해보라는 것이다. 그녀는 수학자였다. 수학자는 오직 수식과 논리만을 믿는다. 논리적인 검증을 통해서 문제가 없으면 누가 뭐래도 맞는 것이고, 오류가 있다면 누가 뭐래도 틀린 것이다. 그러니 쫄 필요가 없다. 사람이 문제가 아니라 논리와 수식만이 옳고 그름을 말해준다.

지금은 우주가 팽창하고 있다는 것을 대부분 받아들인다. 하지만 우주가 움직이지 않고 정적이라는 믿음이 지배적이었던 시대가 있었다. 아인슈타인 역시 그랬기에, 그는 그 믿음에 조합하도록 그의 일반상대성이론을 수정하여 의도적으로 우주상수를 방정식에 도입해버렸다. 왜냐하면 일반상대성이론 그대로라면 우주는 팽창하거나 수축하기 때문이다. 그러나 이것은 그의 오류였다. 이런 오류를 잡아준 것은 수학이었다. 수학자 펜로즈와 스티븐 호킹은 1970년 논문을 통해 일반상대성이론이 옳고 우주가 우리가 관측하는 것만큼의 물질을 포함하고 있다면, 빅뱅 특이점이 존재했어야 한다는 것을 증명하기에 이른다.[28] 빅뱅이 존재했어야 함을 보인 것이다. 수학이 그러하기에 우주 또한 그래야만 했다.

살다 보면 '이게 아닌데' 하며 의문을 갖게 되는 경우가 있다. 뭔가 묻고 따지고 싶어질 때가 있다. 그러나 확신이 없어서 그만두거나, 중간에 포기하는 경우가 많다. 이럴 때 수학은 흔들리지 않는 확신을 줄 수 있다. 수식이 틀린 게 없고, 논리적으로 완벽하다면 주저할 이유가 없다. 우리가 뭔가 주장을 펼칠 때 통계적 분석과 같은 수학적 기법을 내세우는 이유가 바로 그것이다.

물음으로부터 확신에 이르기까지는 시간이 걸리는 법이다. 공 들이지 않고 거저 얻어지지는 않는다. 그러려니 하며 물음을 따라 쭉 가야 한다. 물음은 하나의 세계를 여는 관문이다. 끝까지 물고 늘어진다면 어떤 세계가 펼쳐질지 알 수 없다. 그러니 묻되 멈추지 말아야 한다. '내 머릿속에서 나온 게 별 게 있겠어?'라고 생각해서는 안 된다. 이럴 때는 좀 멍청해질 필요가 있다. 우공이산(愚公移山)! 풀릴 때까지 물음을 품어야 한다. 물음은 던지면서 시작되지만, 품으면서 끝나는 법이다.

"무엇이든 질문해. 멈추지 말고. 그럼 뭐라도 얻는다!"

(Question everything, don't stop and get anything!)

우연이냐 필연이냐 그것이 문제로다!

• 옥스퍼드 살인사건 •

1, 2, 3, 5, 4, 4, 2, 2, 2, 2, ○, …

○에 어떤 수가 들어가야 할까? 그걸 알려면 이 수열의 규칙을 알아야 한다. 규칙을 모르면 백날을 들여다봐도 헛수고다. 하지만 규칙을 안다면 어린이라도 금방 답을 알아맞힐 수 있다. 이것이 규칙의 힘이다. 규칙을 가진 자에게 세상은 참으로 쉬워 보이고 만만해 보인다. 하지만 그렇지 못한 자에게 세상은 힘들고 어려워 보일 수밖에 없다. 규칙, 그것이야말로 우주를 지배하기 위해 반드시 차지해야 할 절대 반지다.

수학에서도 패턴과 규칙을 찾기 위해 많은 노력을 기울여왔다. 원, 삼각형, 사각형 같은 도형들도 비슷한 모양을 보고 패턴화해서 등장했다. 피타고라스 학파가 발견해낸 황금비도 분할된 것들의 비가 같아지는 특정한 패턴을 나타낸다. $y=2x$ 같은 함수는 두 변수 x, y 사이의 패턴을 정확하게 수식화한 것이다. 모양이 다른 도형들 간의 동일한 구조를 파악하는 위상수학도 도형들의 패턴을 다룬다. 이렇게 패턴을 찾고 표현해내는 능력을 바탕으로 하여 암호 영역에서도 수학자들은 맹활약을 해왔다.

규칙을 찾는다는 것, 쉽지 않은 일이다. 머리를 많이 써야 한다. 규칙 찾기는 순전히 추상적인 세계에서 벌어지는 숨바꼭질이기 때문이다. 규칙을 좇는 수학자들은 E. T.처럼 머리만 발달하고, 몸은 퇴화해 별로 아름답지 않은 모습을 한 정말 특이한 종족이 될지도 모른다. 그렇더라도 수학자들은 여전히 규칙을 찾는 데 혈안이 되어 머리를 굴리고 있을 것이다. 규칙이라는 절대반지를 쟁취하기 위해!

살인사건 방정식, x를 찾아라!

〈옥스퍼드 살인사건〉(2008)은 제목에서 알 수 있듯 연쇄 살인사건을 소재로 하는 영화다. 살인 현장에 범인이 남겨놓은 기호들을 단서로 해서 범죄의 동기와 범인을 추적해간다. 기예르모 마르티네스의 소설 『옥스퍼드 살인방정식』이 원작이다. 살인사건을 하나의 방정식으로 비유해서, 방정식의 해를 알아내듯이 살인사건의 범인을 찾아가는 과정을 그린다. 그 과정을 따라 굵직한 주제들이 던져지며, 사건의 추리를 넘어선 뭔가를 말한다.

젊은 대학생 마틴은 우연히 첫 번째 살인사건이 벌어진 현장을 처음으로 발견하게 된다. 그가 무척이나 존경하는 셀덤도 함께 목격한다. 셀덤은 마틴의 사고 형성에 지대한 역할을 한 책들을 펴낸 교수다. 그런데 셀덤이 경찰과의 대화에서 놀라운 사실을 말한다. 사건을 암시하는 쪽지를 누군가로부터 받았다는 것이다. 이렇게 되자 마틴은 범인이 셀덤을 상대로 하여 게임을 하고 있으며, 그걸 알 수 있도록 단서를 남길 것임을 예측한다. 그리고 그의 말대로 살인은 연쇄적으로 벌어졌고, 현장에는 어김없이 기호가 남겨졌다. 마틴은 그것을 해석하여 이 사건을 해결하려고 한다. 과연 마틴은 살인방정식을 잘 풀어낼 수 있을까?

방정식과 함수의 차이

방정식이란 특정한 조건 하에서만 성립하는 식을 말한다. 그 조건에서는 참이지만, 그 조건을 벗어나면 그 식은 거짓이 된다. 방정식 $x-2=0$은 $x=2$일 때만 참이고, 다른 경우에는 거짓이 된다. 2처럼 그 식을 만족시키는 값이 해다. 그런데 방정식과 비슷한 것으로 함수가 있다.

$x-y-2=0$과 $y=x-2$라는 식이 있다. 어느 게 함수고, 어느 게 방정식인가를 물으면 많은 사람들이 $x-y-2=0$은 방정식이고, $y=x-2$는 함수라고 한다. 왜냐하면 교과서에서 방정식은 보통 $f(x)=0$의 형태로 표현되고, 함수는 $y=f(x)$의 형태로 표현되기 때문이다. 방정식과 함수가 모습에서 차이가 난다고 생각한다. 하지만 두 식은 아무런 차이가 없다. $x-y-2=0$에서 y를 슬쩍 옮기면 $y=x-2$가 돼버린다. 형태를 보고서 방정식과 함수를 구분할 수는 없다.

우선 함수의 뜻을 정확하게 알아보자. 함수를 보통 $f:x \to y$로 나타내는데, f는 function의 약자다. function은 '기능 또는 기능하다'의 뜻이다. 이 기능에 의해 x는 y라는 대상으로 바뀌게 된다. 함수에는 기능에 의해 바뀌기 전의 상태인 x, 바뀐 후 상태인 y가 존재하게 된다. 고로 함수는 두 변수 사이의 관계를 알아보고, 그것을 표현하기에 딱 좋다. 그것이 함수의 주된 용도이다. 비 오는 수요일, 연인에게 선물하려 할 때 선물 x에 따라 기대효과 y는 다를 것이다. 이걸 잘 알아낸다면 최소한의 비용으로 최대한의 만족감을 얻을 수 있다. 이런 게 함수다.

함수의 의미를 생각해보면 함수의 조건을 쉽게 이해할 수 있다. 선물과 기대효과를 다루는 함수라고 한다면, 어떤 선물에 대해서도 기대효과를 알 수 있어야 한다. 모든 x에 대해 성립해야 한다. 그리고 한 선물에 의한 기대효과, 예를 들면 빨간 장미를 선물할 때의 기대효과는 오직 하나여야 한다. 둘이 나온다면 잘못된 것이다. 즉, 각각의 x에 대해 y는 일대일 대응해야 한다. 선물은 다른데, 기대효과가 같을 수도 있다. 뭘 선물해도 효과는 마찬가지일 수도 있다. 서로 다른 x에 대해서 y는 같을 수도 있다. 이럴 때는 '아무거나' 선물하면 된다.

방정식은 그 식을 만족시키는 해를 찾는 게 목적이고, 함수는 두 변수 사이의 관계를 표현하는 게 목적이다. 그래서 방정식은 $f(x)=0$처럼 $f(x)$의 조건으로 표현되고 함수는 $y=f(x)$처럼 f에 의한 x, y의 인과관계로 표현된다. 고로 같은 수식도 목적에 따라 방정식으로도 함수로도 사용될 수 있다. $y=2x$를 f에 의해 x가 $2x$로 바뀌는 함수로도 볼 수 있지만, $2x-y=0$이라는 특수한 조건을 만족시키는 방정식으로도 볼 수 있다. 이때 방정식의 해는 무수히 많다.

모든 것에는 다 이유가 있는 법!

마틴은 영화에서 주도적인 역할을 한다. 그는 살인현장을 발견했을 뿐만 아니라 살인사건에 숨겨져 있는 의도를 밝혀간다. 사건을 해석해줌으로써 문제를 정확히 설정해준다. 문제를 정확히 알았으니 사건 해결은 그만큼 쉬워지게 된다. 경찰도 마틴의 방정식을 따라서 사건에 접근해간다. 살인사건 전문가도 아닌 한 대학생의 추리가 놀라울 따름이다. 이 대학생의 정체는 뭘까?

"사물의 본성은 수학적이다. 실재의 이면에는 숨겨진 의미가 있다. 사물들은 어떤 모델이나 구조, 논리적인 연쇄에 의해서 만들어진다."

마틴이 한 말이다. 그는 이 세상이 본질적으로 수학적인 질서를 갖고 있다고 확신한다. 그에게 우연히 일어나는 일이란 없다. 모든 현상에는 그럴 수밖에 없는 이유와 논리가 있다. 그리고 그런 것들은 철저히 수학적이다. 이런 주장의 근거로 그는 눈꽃송이와 파이를 내세운다.

눈꽃송이는 우리의 현실이 그러한 것처럼 언뜻 보면 불규칙적이고 매우 다양한 모양을 가지고 있다. 그런데 눈꽃송이의 기본적인 구조는 정육각형이다. 육각 대칭구조를 가진 덩어리로 탄생했다가, 대기를 통과하면서 온도와 환경에 따라 크기와 모양이 달라질 뿐이다. 모든 사물에 수학적인 구조가 기본적으로 자리 잡고 있는 것이다. 눈꽃송이의 이런 아름다움을 처음으로 거론한 사람은 케플러였다. 그는 1611년 「눈의 육각형 결정구조에 관하여(On the six-cornered snowflake)」라는 논문에서 눈의 결정구조를 정확하게 그리며 이와 같이 주장했다.

파이는 피보나치 수열에 있는 황금비 파이(φ)를 뜻한다. 원주율의 파이(π)가 아니다. 피보나치 수열은 다음과 같다.

$$1, 1, 2, 3, 5, 8, 13, 21, 34, \cdots$$

너무도 유명해서 많은 사람이 이 수열의 규칙을 알고 있다. 하지만 이 수열을 처음 봤을 때의 느낌을 떠올려보라. 대부분 이 수열에는 아무런 규칙도 없다고 생각한다. 일정하게 증가하거나 감소하거나 곱하거나 나누는 규칙에만 익숙해져 있기에 그렇게 보인다. 하지만 그 누구도 그것만을 규칙의 전부라고 정해주지 않았다. 앞의 두 항을 더해 새로운 항을 만들어가는 이 수열은 규칙에 대한 우리의 한계를 넓혀주었다.

피보나치 수열의 이런 오묘함은 마틴에게 수학적 확신을 갖게 해준다. 아닌 것 같지만 정교한 질서를 이루듯, 이 세상 또한 그런 것이다. 단순 무식한 자에게는 세상이 무질서하게 보이지만, 고도의 두뇌를 가진 자에게는 세상이 질서 있게 보인다. 그러니 필요한 것은 더욱 머

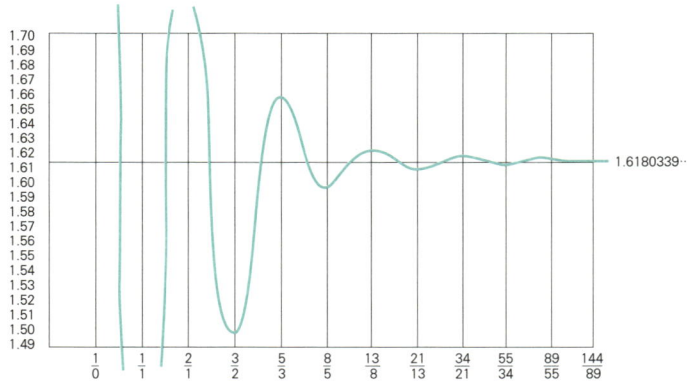

피보나치 수열의 (뒷항÷앞항) 그래프다.
$\frac{1}{1}, \frac{2}{1}, \frac{3}{2}, \frac{5}{3}, \frac{8}{5}, \cdots$ 이 값들은 1과 2 사이를 오가면서 황금비 파이에 수렴해간다.

리를 굴리는 것일 뿐이다.

황금비 파이는 1.6180339…로 간단히 1.618로 쓰기도 한다. 신기하게도 피보나치 수열은 이 황금비 파이와도 관련된다. 수열의 뒷항을 앞항으로 나눠가다 보면 그 값이 황금비 파이에 근접하게 된다

황금비 파이는 잡힐 듯 잡힐 듯 하면서도 잡히지 않은 채 무한히 이어지는 무리수다. 이는 마치 자연과 수학의 관계를 상징적으로 보여주는 것 같다. 자연을 세밀하게 볼수록, 자연의 근본적인 구조를 들여다볼수록 자연은 특정의 질서에 수렴한다. 자연의 기저에 수학적인 질서가 존재한다는 것을 암시하는 것이다. 그러나 영원히 근접할 뿐 그 실체를 완전히 드러내지는 않는다. 감각과 경험만으로는 그걸 눈치챌 수 없다. 수학적인 통찰만이 이런 자연의 신비를 드러내준다.

살인방정식을 풀다

마틴은 결국 남겨진 단서들의 규칙을 찾는다. 하지만 세 번째 단서를 발견한 뒤에야 그게 가능했다. 그렇게 되자 그는 네 번째를 예측하고 범행을 막으려 했고, 사건의 전말을 밝혀낸다. 그 단서들은 아래와 같다.

이것들이 어떤 규칙과 의미를 갖는 일련의 상징들인지 말할 수 있겠는가? 보고도 그것을 말하기 쉽지 않을 것이다. 이 상징들은 고대

질서를 원하는 자에게 세상은 질서를 보여주지만,

무질서를 원하는 자에게 세상은 무질서를 보여준다.

© Tomo Jesenicnik | Dreamstime.com

그리스 기하학과 관련된다. 이 점을 염두에 두고 다양한 상상을 해봐야 겨우 감을 잡을 수 있다.

고대 그리스인들은 기하학을 통해 우주를 설명하려 했다. 이 상징들은 유형의 우주가 생성된 과정을 압축하여 표현한 것들이다. 원은 점 하나로 시작된다. 점은 그래서 시작이요 기원이다. 두 번째는 베시카 피시스(vesica piscis)라고 하는데, 두 원이 교차하는 것이다. 이때 두 원의 중심을 이으면 선이 만들어진다. 세 번째는 정삼각형, 즉 면이다. 이는 두 원의 중심과 교점, 즉 서 개의 점을 통해 만들어진다. 점 하나, 둘, 셋을 통해 점, 선, 면이 만들어졌다. 고로 남은 것은 네 개의 점 그리고 입체다. 여기서 4에 집착해 정사각형을 생각하기 쉬운데, 그러면 입체라는 걸 나타낼 수 없다. 그래서 피타고라스 학파는 이를 네 번째처럼 배열하였다. 네 개의 점을 그대로 찍어 입체를 표현한 것이다.

천만에, 모든 일은 우연히 일어나는 거야!

네 번째 사건이 마틴의 예측대로 발생한다. 사고는 수습되고, 일련의 사건에 대한 수사도 종결된다. 사건에 대한 다틴의 추리도 그렇게 마무리되어간다. 그렇게 끝났다면 이 영화는 단순한 추리영화에 그쳤을 것이다. 그러나 이 모든 추리와 해석을 뒤집는 반전이 끝에 가서 펼쳐진다. 그것은 수학을 떠받들고 있는 사고 자체에 대한 반전이다. 그런 의미에서 철학적이다.

반전의 핵심은 살인사건의 진정한 범인은 마틴이라는 것과 모든 일은 우연히 일어난다는 것이다. 사건 해결을 위해 동분서주했던 마틴은 순식간에 범인으로 몰린다. 그러나 그가 정말 살인을 한 것은 아니다. 다만 그는 살인사건의 방아쇠를 우연히 잡아당긴 것뿐이다. 그랬기에 마틴 본인은 그것을 전혀 알지 못했다. 그걸 알려준 것은 바로 셀덤이었다.

셀덤 또한 젊은 시절에 마틴과 같이 생각했었다. 그러나 그는 입장을 바꾸게 된다. 그가 보기에 절대적 진리란 없다. 그와 같은 추상적 개념은 그저 인간의 머릿속에만 존재하는 것뿐이다. 현상에 대한 필연적인 이유와 논리도 존재하지 않는다. 세상은 우연적이다. 필연과 이유, 의미 등은 인간에 의해 만들어졌다. 왜? 세상을 의미로 받아들일 때 안정감과 행복감을 느낄 수 있기 때문이다.

그는 그의 주장에 적합한 예를 들어준다. 그에게는 뛰어난 제자가 있었다. 그 제자는 지능검사를 만들어 시행한 후 채점하다가 형편없는 답변들과 마주쳤다. 정말 공부 못하는 학생들의 말도 안 되고, 이해도 안 되는 그런 답변을 본 것이다. 그 제자는 당연히 무시했다. 그런데 그 학생들과 정밀 면담을 하면서 그 답변들이 또 다른 가능성을 지닌 정답임을 알게 된다. 일반적인 해석의 범주를 뛰어넘은 독특한 것들이었다.

어떤 현상에 대한 해석은 하나가 아니다. 다양한 해석, 조금 더 극적으로 표현한다면 무한한 해석이 가능하다. 수열로 본다면 특정 수열의 규칙은 하나가 아니라 무한하다. 또 어떤 임의의 수열이라도 그 수열의 규칙을 찾아낼 수 있다. 참으로 재미있다. 이런 세상을 질서 있는 세상으로 봐야 할까 아니면 무질서한 세상으로 봐야 할까? 선택의 문제가 아닌가 싶다.

2, 4, 6, 8이 주어지면 우리는 짝수 수열이고, 10이 다음에 온다고

예측할 수 있다. 하지만 다양한 해석이 가능하다. 2, 4, 6, 8이 그대로 반복되는 수열로 보면 다음은 2가 된다. 2와 8을 2 간격으로 오르락내리락 하는 수열로 보면 다음은 6이 된다. 얼마든지 더 가능하다. 직접 열어보기 전에는 확정할 수 없다. 그래서 점쟁이들도 일어난 일은 잘 맞추지만, 일어날 일은 쉽게 맞추기 어려운 겁이다. 과거는 이미 선택된 것으로 하나이지만, 미래는 그 종류가 무한하다.

원하는 대로 보이는 신기한 세상

마틴이 왜 범인인 걸까? 셀덤은 최초의 살인범을 알고 있었다. 그는 그 사람을 구해주고 싶었다. 그런 맘으로 사건현장을 가다가 우연히 마틴을 만난 것이다. 그는 당황하지 않고, 그 상태에서 살인을 덮을 묘안을 궁리했다. 생각 끝에 단서를 남기는 살인범이라는 시나리오를 떠올린다. 끊임없이 이유를 찾아나서는 마틴의 심리를 이용한 것이다. 그걸 모르는 마틴은 평소대로 생각하며, 사건을 덧지게 해석해 가공의 연쇄살인범을 만들어주고, 경찰의 수사방향을 그렇게 틀어버렸다.

 셀덤은 적절한 일이 벌어지기를 기다렸다가 약간의 조작만 해줬다. 그러면 마틴은 그것을 확실한 연쇄 살인사건으로 만들어줬다. 일련의 흐름에 의도적인 개입이나 필연적인 이유 같은 것은 없었다. 무작위적인 수열과도 같이 우연적인 일들이 그때그때 있었던 것뿐이다. 그러나 어떤 수열도 특정한 규칙으로 해석이 가능하듯이, 우연적인 일상의 일들 또한 필연적인 흐름으로 얼마든지 해석이 가능했다. 최초의 살인을 제외한 나머지 모든 일들은 그렇게 마틴에 의해서 우연히 이뤄져버렸다.

세상은 참 신기하다. 그중 하나가 원하는 대로 세상이 보인다는 것이다. 사건은 하나다. 그러나 해석은 분분하다. 세상은 이렇듯 어떤 식으로도 해석된다. 일어나는 사건은 하나지만, 우리는 세상을 우리만큼 다양한 규칙으로 그리며 살아간다. 질서를 원하는 자에게 세상은 질서를 보여주지만, 무질서를 원하는 자에게 세상은 무질서를 보여준다. 열린 세상을 원하는 자에게는 열린 세상을, 닫힌 세상을 원하는 자에게는 닫힌 세상을 보여준다.

언어의 용법도 맥락에 따라 달라진다!

세상에 대한 셀던의 입장은 마틴과 대조적이다. 하지만 마틴은 셀던의 젊었을 적 모습이었다. 셀던은 마틴의 입장을 충분히 알기에 그를 자유자재로 요리하며 한 수 가르쳐줄 수 있었다. 셀던과 마틴은 세상을 어떻게 볼 것인가에 대한 두 극단의 철학적 입장을 대변한다. 셀던은 특히 20세기의 대표적인 철학자인 비트겐슈타인을 보여주는 듯하다.

비트겐슈타인은 1999년 《타임》지에서 선정한 '20세기 영향력 있는 인물 100명'에 포함된 철학자다. 그는 전쟁 중에도 노트를 들고 다니며 철학적 사색을 기록한 것으로 유명하다. 그는 철학에 있어서 언어의 문제를 집요하게 파고들었다. 언어를 잘 분석하여 철학의 문제를 해소하려고 했다.

대표작 『논리 철학 논고』에서 그는 언어를 대상을 묘사하는 그림으로 본다. 대상과 일치하면 참이고, 그렇지 않으면 거짓이다. 그런데 언어에는 참, 거짓을 말할 수 없는 명제들이 많은데, 이런 것들로 인해 철학적 논쟁들이 발생한다는 것이다. 그런 논쟁들은 무의미하거나, 의미 있더라도 참 거짓을 가릴 수 없으니 논쟁할 필요가 없다. 그래서 그는 '말할 수 없는 것에 관해서는 침묵해야 한다'라는 글로 책을 마무리 지었다. 그렇게 그는 철학의 문제를 해결했다며 철학계를 떠나버린다.

그러다 언어에 대한 그의 입장은 나중에 바뀐다. 초기에 그는 언어의 의미를 고정된 것으로 본다. 그러나 후기에 언어란 것이 맥락에 따라, 사람들이 사용하는 삶의 조건이나 입장에 따라 변하고 달라진다고 본다. 언어를 하나의 규칙으로만 보던 입장에서 다양하게 보는 입장으로 변한 것이다. 셀컴의 입장 변화와 동일하다. 언어 자체보다는 언어를 사용하는 사람과 구체적인 현장을 더 강조한 것이다.

규칙을 향한 마틴의 의지는 사건 자체를 온전히 보는 걸 막았다. 보고 싶은 것들을 보면서 그의 머리는 충족되었지만, 그의 머릿속 그림은 현실과 전혀 상관이 없었다. 그런데 그의 실수가 사건에 대한 해석으로 그친 것이 아니었다. 그는 최초에 벌어진 살인사건에도 우연히 개입하는 실수를 범했다. 그가 별 생각 없이 던진 "한번 해봐(You should try it)"라는 말 한마디가 한 여인의 마음을 움직였다. 그로 인해 사건이 벌어지게 된 것이다. 정말 나비의 날갯짓이 허리케인을 불러온 것이다.

수학은 지금껏 세상의 규칙을 파헤치는 데 중요한 역할을 했다. 규칙을 대변하는 언어로서의 역할을 했다. 그런데 그 언어가 굉장히 멋지고 정교해서 우리는 세상도 그런 곳이라고 확신하게 된다. 하지만 그런 확신은 착각일 수 있다. 그렇게 보고 싶어 하는 우리의 마음을 알고, 세상이 우리에게 허락해준 착각은 아닐까? 확신과 착각 사이에 우리는 서 있다. 그렇다고 주저하지는 말자. 그보다는 선택을 통해 끊임없이 세상을 열어나가고 세상에 다가가 확신인지 착각인지 확인해보자.

수학자가 들려주는
사법부와 싸우는 기술

• 부러진 화살 •

샌님이란 말이 있다. 공부깨나 하고 얌전한 사람을 비꼬아 부르는 말이다. 세상사에 관심도 없고 그럴 필요도 없다. 현실성 없이 도덕책에나 있을 법한 소리만 하는 사람을 그렇게 부른다. 수학자도 이런 부류에 속할 것이다. 자기만의 세계에 빠져 있지, 알 수 없는 소리나 작작하지, 돌아가는 현실에는 무감각하지 않은가! 그러나 이런 수학자도 다른 맥락에 서게 되면 달라질 수 있다. 샌님이 아니라 누구보다도 질기게 물고 늘어지는 싸움꾼이 될 수 있다. 〈부러진 화살〉(2011)은 그런 사례를 잘 보여준다.

   이 영화는 실화를 바탕으로 한다. 2007년 1월 15일 김경호(가명)는 판사인 박봉주(가명)를 석궁으로 공격한다. 공정치 못한 재판에 불만을 품고 자행한 것이었다. 김경호는 현장에서 붙잡혔고, 박봉주는 석궁에 의해 상처를 입었다고 진술했다. 공격에 사용된 석궁과 화살, 상처에 대한 진단서, 옷가지 등의 증거물이 제시됐다. 법치주의에 대한 도전으로 받아들인 사법부는 엄중하게 처벌할 것임을 예고했고, 그 결과 징역 4년이 선고되었다.

그런데 김경호는 승복하지 않고 항소했다. 그는 겁을 주려고 했을 뿐 공격할 의도가 없었으며, 박봉주는 상처를 입지도 않았다고 주장했다. 박봉주와는 상반되는 주장이었다. 진실 싸움이 불가피했다. 그가 박봉주의 주장이 거짓임을 하나하나 밝혀가면서 재판은 재미있어지고, 언론에서도 주목하게 됐다. 그런데 박봉주 측에서는 적절한 증거물을 제시하지 못했다. 사법부에 대한 의혹과 비판이 들끓었으나 결과를 뒤집지는 못했다.

김경호는 4년의 감옥생활을 채우고 2011년 출소하게 된다. 그 후로도 그는 싸움을 그만두지 않았다. 그 사건을 다룬 책을 출판하며 사법부를 상대로 한 싸움을 계속했다. 한번 물면 절대 놓지 않는 진돗개처럼 그는 여전했다. 〈부러진 화살〉은 이런 그의 투지를 팩션으로 담아낸 영화다.

법대로 하라!

영화 최대의 볼거리는 사법부를 조롱하고, 골탕 먹이는 주인공 김경호의 활약상이다. 그는 매우 불리한 상황에 처해 있다. 석궁을 들고 찾아간 것은 분명하기에 피해자의 진술이 보다 신빙성 있게 받아들여지는 상황이다. 더군다나 피해자는 법을 잘 아는 판사였다. 사법부는 그의 친정이나 다름 없었다. 뭘 보더라도 유리한 게 없었다. 그러나 그에게는 진실이 있었다. 피해자는 거짓을 말하고 있으며, 재판은 불공정하다는 것을 그는 알고 있었다. 불리하지만 불가능한 싸움은 아니었다. 그러나 고도의 전략이 필요했다.

김경호의 전략은 간단했다. 재판을 '법대로' 진행하는 것이다. 재판은 비록 사람이 하지만 법대로 해야 한다. 그가 보기에 법 자체는 문제가 없었다. 문제는 법을 집행하는 사법부에 있었다. 그들은 법대로가 아니라 힘과 권력에 따라 재판을 진행했다. 하지만 거짓은 주장될 수 있어도, 증명될 수는 없다. 있지도 않았던 일인데 어떻게 완벽한 원인과 결과의 고리를 보일 수 있겠는가? 그런 맥락에서 진실이란 결국 드러난다. 아니 드러낼 수 있다. 법대로만 한다면! 그는 재판을 법대로 진행하는 것만이 살 길임을 알았다.

법에 통달해야만 했던 주인공은 사법고시 수험생마냥 법전을 항상 들고 다녔다. 단순히 외우는 것이 아니라 언제 어떤 법을 거론해야 하는가를 파악할 수 있어야 했다. 이론을 실제에 적용할 수 있어야 했다. 그는 발생하게 될 여러 가지 상황들을 치밀하게 따졌으며, 각 상황에 대한 대처 방안도 생각해뒀다.

그는 먼저 피해자 측의 진술에 모순이 있음을 드러내려 했다. 하지만 그는 그렇기 해도 사법부가 재판을 불공정하게 진행할 것이라고 예측했다. 이때 그의 이차적인 전략이 등장한다. 그는 판사가 법대로 재판을 진행하도록 법을 가지고 따지고 요청한다. 법을 자유자재로 다루는 그의 실력은 여기에서 유감 없이 발휘된다.

증거물로 제출된 속옷과 겉옷에는 피가 묻어 있었는데, 그 사이에 있던 와이셔츠에는 피가 묻어 있지 않았다. 이에 대해 김경호는 검사에게 설명을 요구한다. 누구의 피인지 확인하기 위해 혈흔검사도 요청한다. 하지만 판사는 모든 요청을 거부한다.

　이 순간을 놓칠 세라 김경호는 형법 제155조와 제152조를 내세우며 검사를 몰아붙인다. 주장과 일치하지 않는 증거물을 제시한 검사는 증거인멸죄나 위증죄에 해당한다는 거다. 검사가 얼버무리자 김경호는 형사소송규칙 제141조에 의거해 판사에게 검사의 설명을 요청하게 한다. 그럼에도 판사가 거부하자 김경호는 판사를 검사에게 고발해버린다. 즉 범죄가 있다고 생각될 때 공무원은 고발해야 한다는 형사소송법 제234조에 의해서다. 법정에서 판사가 고발되는 기막힌 일이 벌어진다.

　김경호는 철저히 법에 근거해 주장하고 요청한다. 판사들은 난처해 했다. 무시할 수도 없고, 따를 수도 없기 때문이다. 주인공은 급기야 법에 의거하여 재판부를 기피해버리기도 하고, 헌법소원을 제청하기도 한다. 상상도 못 해봤던 일들이 그를 둘러싸고 너무나 자연스럽게 일어난다. 주인공은 그 모든 것들이 법적으로 보장된 일임을 알았기에 그럴 수 있었다. 그로 인해 재판은 한 편의 소설이나 코미디가 되어갔다.

수학과 법, 잘 따져야 한다

이쯤 되면 김경호가 어떤 사람인가 궁금해진다. 사법부를 상대로 싸운다는 것 자체가 대단한 모험이다. 스스로 무덤을 파는 미련한 짓 아닌가! 자신에게 합법적으로 권력을 행사할 수 있는 사람을 공격하다니! 괘씸죄가 적용될 수도 있는데, 그런 다툼을 벌이다니!

　김경호는 다름 아닌 수학교수였다. 수학교수라면 모두 그럴 수 있을까? 그렇지는 않다. 하지만 수학교수였기에 더 잘 그럴 수 있었다. 수학교수였다는 사실은 충분조건은 아니지만, 필요조건인 셈이다.

김경호에게 필요한 자질은 잘 따지고, 잘 대드는 것이었다. 뭐가 문제인지를 알아내야 하고, 그 문제를 겁 없이 제기해야 한다. 그런데 그는 겁 없는 수학자로서 모든 요건을 갖춘, 준비되고 검증된 사람이었다. 그는 교수시절에 학교 측에서 출제한 대학입시 수학문제에 오류가 있었음을 직접 밝혀냈다. 그리고 그것을 과감하게 학교 측에 얘기했고, 출제 오류를 인정할 것을 요청했다. 그로 인해 그는 교수 지위를 박탈당했고, 재판을 시작하게 되었다.

수학자들은 늘 따진다. 명제가 맞는 것인지, 증명에 오류가 있는 것은 아닌지를 확인한다. 꼼꼼히 하나도 빠뜨리지 않고 가능한 모든 경우를 따져본다. 현실적으로 가능하냐 가능하지 않느냐는 중요하지 않다. 자주 일어나는 경우나, 극히 일어나지 않는 경우나 똑같이 하나의 경우로 취급한다. 오히려 현실의 범주를 넘어서서 상상 속에서나 일어날 법한 경우가 관심사가 되기도 한다.

배가 출발한다. 이 배가 평평한 바다를 가로질러 다시 처음 출발지점으로 돌아왔다. 우리는 이런 경우를 지구가 둥글다는 증거로 얘기하곤 한다. 그런데 과연 그럴까? 분명 지구가 둥글 경우 배는 이와 같이 처음 지점으로 돌아오게 된다. 지구가 둥글다는 것을 알고 있는 우리로서는 명백한 증거처럼 보인다. 그러나 이를 수학적으로 따져보면 꼭 그렇지가 않다.

배가 다시 돌아왔다는 것을 통해 추측할 수 있는 지구의 모양은 어떤 것일까? 지구라는 걸 고려하면 현실성 있는 모양만을 따지게 된

다. 하지만 이 문제를 수학적으로 바꿔버리면 사정이 달라진다. 이 문제의 수학적 표현은 표면에 원을 그릴 수 있는 입체도형이 무엇인가가 된다. 이렇게 되면 우리는 다양한 경우를 상상할 수 있다. 현실적인가의 여부를 미리 걱정할 필요는 없다. 그 결과 도너츠 같은 모양에서도 원을 그릴 수 있음을 알게 된다. 고로 지구의 모양이 구라고 생각해야 할 이유는 어디에도 없다.

수학과 법은 꼬치꼬치 따져야 한다는 공통점이 있다. 알고 보면 둘 사이에는 더 많은 공통점이 있다.

법과 수학, 의미도 비슷해

법은 사회를 다스리는 규칙이다. 규칙이 없다면 사회는 존속할 수 없다. 사람들 사이에 다투고 부딪치는 일이 많아진다. 그렇기에 법은 아름다운 것이다. 하나의 세계를 가능케 하고, 떠받들어주는데 아름다운 것이 당연하지 않은가! 김경호도 비슷한 말을 한다. 법은 아름다운 것이라고, 안 지켜서 문제일 뿐이라고.

　수 또한 법과 같은 아름다움을 지니고 있다. 피타고라스 학파가 모든 만물이 수라고 한 것이 대표적이다. 그들에게는 수가 곧 규칙이자 법이었다. 그들 이후 수학은 이 세계의 규칙을 가장 잘 표현하는 언어로 자리 잡았다. 보편적일수록 간단할수록 아름다운 법칙으로 여겨졌다.

　법 앞에서 모든 국민은 평등하다. 모든 사람은 동일한 법의 적용을 받는다. 법을 만드는 사람들도, 법에 의해 재판을 진행하는 판사들도 마찬가지다. 아테네 최고의 현자라는 칭호를 받았던 소크라테스도 법에 따라 사형을 선고받고, 사약을 마시고 죽지 않았던가! 사람은 죽고 다시 태어나도 법은 영원히 그 자리를 지키며 존재한다. 수 또한 그렇다. 수도 대상을 가리지 않고 적용되며, 대상과 상관없이 영원하다. 수학과 법은 이토록 비슷하다.

법과 수학, 성격도 비슷해

죄형법정주의란 말이 있다. 법으로 규정되어 있어야 죄를 물을 수 있다. 법에 없다면 죄를 죄라 할 수 없다. 그로 완전한 법이 되려면 법은 모든 경우를 다룰 수 있어야 한다. 예외가 있어서는 안 된다. 예외가 있다면 법은 불완전한 것이다. 어떤 경우든 법을 통해 옳고 그름을 판별할 수 있어야 한다.

　그렇다고 법이 너무 복잡하거나 많아져도 문제가 될 수 있다. 모든 경우를 다룬답시고 법을 너무 상세하게 만들어버리면 법은 너무 무겁고 거추장스러워진다. 아름답지 못하게 된다. 복잡해지면 활용하기도 힘들어지고, 법끼리 중복되거나 충돌되는 경우도 발생할 수 있다. 너무 간단해도, 너무 복잡해도 문제다.

법은 또한 명확해야 한다. 어떤 경우에, 법이 어떻게 적용돼야 하는지 분명하게 말해야 한다. 그렇지 않으면 법은 코에 걸면 코걸이, 귀에 걸면 귀걸이가 되고 만다. 이는 마치 수학에서 문제가 명확해야 답역시 명확한 것과 같다. 그러기 위해서 법에 사용되는 용어나, 구체적인 대상, 규정과 처벌은 엄밀하게 정의되고 규정된다.

정리하자면 법은 우선 명확해야 하고, 가능한 한 최소화하되, 최대한의 사례를 다룰 수 있어야 한다. 모든 사례를 완전하게 다루되, 모순 없이 다뤄야 한다.

그런데 법이 다뤄야 할 사례라는 게 딱 정해져 있는 것이 아니다. 생활이 변함에 따라 그 사례도 변하게 마련이다. 현재 일어나는 경우만을 잘 망라한 법만으로는 부족하다. 앞으로 발생할 수 있는 경우마저도 완벽하게 대비할 수 있어야 한다. 법은 고정된 것이 아니라 유동적이고 가변적이어야만 한다.

법의 이런 성격은 수학도 마찬가지다. 수학 역시 엄밀해야 하고, 명확해야 한다. 그 어떤 것보다도 그렇다. 그리고 다루고자 하는 모든 명제의 참과 거짓을 판단할 수 있어야 하고, 그 판단은 모순 없이 일정해야 한다. 다뤄야 할 명제나 정리 또한 정해져 있지 않다. 늘 새로운 것들이 쏟아져 나온다. 고로 전체적인 틀을 멋지고 아름답게 짜지 않는다면 엉성하고 복잡해진다.

법과 수학, 구체적인 모습도 비슷해

법과 수학, 간단하면서도 모든 것을 모순 없이 다뤄야 한다. 둘 다 구체적인 모습은 그런 요구들을 모두 만족시킬 수 있어야 한다. 그런데 수학은 이미 오래전에 수학에 잘 어울리는 모습을 갖추게 되었다. 연역법이 그것이다.

연역법은 정의로부터 출발한다. 사용하게 될 용어들의 의미를 명확하게 밝혀준다. 또 누구나 인정할 만한 사실인 공리도 밝힌다. 그리고 그 용어와 공리로부터 논리적인 과정을 거쳐 자신이 말하고자 하는 정리를 이끌어낸다. 공리가 정말 참이라면, 그 정리 또한 참이 된다. 하나의 나무 뿌리에서 무수히 많은 가지들이 뻗어 나가듯이 수학도 그런 모습으로 뻗어나간다. 수학의 세계에서 연역법은 여전히 사용되고 있다.

법은 어떨까? 우리나라의 법은 헌법, 법률, 명령, 규칙, 조례, 조약으로 구성되어 있다. 이 중에서 가장 기본적이며 근본적인 법은 헌법이다. 헌법을 근간으로 해서 나머지 법들이 만들어진다. 고로 헌법은 나머지 법들에 대해 우선적인 지위를 가지며, 헌법에 위배될 경우 효력을 잃게 된다. 공권력에 의해 피해를 보거나, 법률에 뭔가 문제가 있다고 여길 때 헌법재판소를 찾는 이유도 헌법이 가지는 위치 때문이다. 그런 헌법을 한번 보자.

제1조 ① 대한민국은 민주공화국이다.
　　　② 대한민국의 주권은 국민에게 있고, 모든 권력은 국민으로부터 나온다.
제2조 ① 대한민국의 국민이 되는 요건은 법률로 정한다.
　　　② 국가는 법률이 정하는 바에 의하여 재외국민을 보호할 의무를 진다.

제3조 대한민국의 영토는 한반도와 그 부속도서로 한다.
제4조 대한민국은 통일을 지향하며, 자유민주적 기본질서에 입각한 평화적 통일정책을 수립하고 이를 추진한다.
...

제1조는 우리나라가 민주공화국이며, 모든 권력이 국민으로부터 나옴을 명시하고 있다. 그리고 이어지는 항목을 통해 대한민국의 영토, 국민, 지향점 등을 차근차근 밝힌다. 이런 식으로 대한민국을 다스리는 데 필요한 사람이나 기관, 방법 등을 명시한다. 한마디로 대한민국이 어떤 나라인가를 정의하는 것이다.

헌법에는 대한민국 국민이 기본적으로 인정하는 원칙들이 있다. 그것은 국민주권, 기본권 존중, 권력분립, 평화통일, 세계평화, 문화국가, 복지국가, 사회적 시장경제다.[29] 고로 이것들이 대한민국 법 전체의 원칙들이다. 대한민국이 어떤 나라인가를 정의하고, 공리와도 같은 몇 가지 원칙을 통해서 헌법과 나머지 법들을 순서적으로 이끌어낸다. 참으로 연역적인 법 체계 아닌가!

수학 하듯 법을 다룬 수학자

법과 수학이 이토록 닮아 있기에 〈부러진 화살〉의 김경호에게 법이란 새로울 뿐 결코 어려운 것은 아니었을 게다. 그에게 법이란 수학이 구체적으로 응용된 것, 즉 응용수학의 한 분야로 여겨졌을 수도 있다. 그랬기에 그는 법을 무척 빨리 익혔고, 능수능란하게 사용할 수 있었다. 가장 비현실적이라는 수학자가 가장 현실적인 법 분야의 고수로

탈바꿈할 수 있었다. 법과 원칙이 무시되는 끝을 보지 못하는 그의 성격은 그를 현실세계에서의 싸움꾼으로 만들었다. 그리고 수학은 이 싸움꾼이 사용하는 강력한 무기가 되어주었다.

수학 자체로는 현실에서 별다른 힘이 없다. 확실성 없는 것들을 다루기에 어쩔 수 없다. 하지만 그런 수학도 맘만 먹으면 얼마든지 무한히 응용 가능하다. 묻고 따지며, 원인과 결과 및 규칙을 있는 그대로 드러내줌으로써 현실을 변화시키려는 사람들에게 확신이라는 힘을 제공해주는 것이다.

수학하듯이 법을 끄치꼬치 따져봤던 수학자가 또 있었다. 바로 불완전성의 정리로 유명한 괴델이다. 유럽에서 살다가 미국으로 건너간 괴델은 미국의 시민권을 얻고자 심사 절차를 받는다. 1948년, 심사를 준비하며 그는 미국 헌법을 접한다. 재미있었는지 아니면 관심이 있었는지는 모르겠지만 그는 헌법을 깊이 들여다봤다. 그의 관심사는 수학의 체계 자체가 완전한지, 모순이 있는지의 여부였다. 그는 이러한 관점으로 미국 헌법을 통으로 살펴봤다.

괴델의 결론은 미국 헌법이 불완전하다는 것이었다. 민주주의 헌법이라는 의도와는 반대로 미국 헌법에는 독재가 가능할 수 있는 여지가 있음을 그는 포착했다. 그가 아니면 그렇게까지 볼 사람도, 그런 모순을 알아챌 사람도 없을 것이다. 그게 사실일지언정 그런 이야기를 하는 것은 시민권 획득에 전혀 도움이 되지 않는다. 그런데도 괴델은 자기가 본 걸 말했다. 심사관은 다소 황당했을 것이다. 문제가 될 수도 있을 상황이었지만, 같이 갔던 동료의 도움으로 잘 마무리되었다. 그는 바로 아인슈타인이었다.

수학자가 들려주는 사법부와 싸우는 기술

수학자가 재판을 한다면?

수학자가 재판을 한다면 어떻게 될까? 그토록 논리적으로 잘 따진다는 수학자들이 재판을 한다면 판결을 잘할 수 있지 않을까? 이걸 확인해보려면 수학자인 재판관이 필요하다. 역사적으로 그런 사람이 있었다. 피에르 페르마다.

17세기의 대표적인 수학자 페르마는 공무원이었다. 시의회 의원으로 활동하면서 다양한 역할을 했다. 기록에 따르면 그에 대한 평판은 아주 좋았다. 인정도 많고, 올바르게 처신하는 유능한 인물이었다고 한다. 그는 재판과 관계된 업무를 다루기도 했다. 당대 최고 실력의 수학자가 내린 판결은 어떠했을까? 한 기록에 의하면[30] 그가 내린 한 판결을 둘러싸고 사람들의 말이 많았다고 한다. 그 재판은 성직자를 대상으로 한 것이었는데, 페르마는 그에게 화형이라는 극단적인 판결을 내렸다. 월권행위를 한 것에 대한 처벌이었는데, 그 성직자는 곧 처형되었다고 한다. 성직자를 화형에 처할 정도라면 나름 소신 있고, 엄격한 잣대를 적용했던 재판관이었던 것 같다.

페르마는 수학을 취미 삼아 한 것으로 유명하다. 그러나 혹자는 이런 그의 행적을 개인적인 취미를 넘어선 의도적인 행위로 보기도 한다. 그가 일부러 그랬다는 것이다.

수학은 대부분 혼자서 하는 활동이다. 홀로 깊게 사색하는 시간이 절대적으로 필요하다. 페르마가 굳이 수학을 취미로 택한 것은 이 점 때문이었다. 다른 사람을 만나는 대신에 수학문제를 풀면서 외부적인 영향을 받을 상황을 만들지 않았다. 그랬기에 그는 보다 철저하게 법의 정신에 입각하여 재판할 수 있었다. 혹 그렇게 시작하게 된 수학이

법과 매우 유사하다는 것을 발견하게 되어 수학을 별 어려움 없이 즐겼던 것은 아닐까?

재판관들을 수학으로 다시 재판한 수학자

법은 해석을 필요로 한다. 그 해석에 따라 목숨이 오가게 된다. 재판관들이 바로 그런 일을 한다. '법대로'란 말의 의미는 자의적으로 해석하지 말고, 공평하게 해석하라는 뜻일 게다. 이상적인 재판관은 소신껏 법을 해석하고 판결하는 재판관이다. 우린 그런 재판관들이 많아지기를 그저 바란다. 그런데 한 수학자는 수학의 힘을 이용해서 재판관들의 판결이 얼마나 소신껏 이루어지는지를 구체적으로 조사해 버린다.

로런스 시로비치는 뉴욕에서 활동하는 수학자였다. 그는 1994년부터 2002년 사이에 내려진 대법원 판결 500건을 구체적으로 검토했다. 대법원은 9명으로 구성되었는데, 그는 각 판결마다 9명이 어떤 결정을 내렸는가를 확인했다. 검토 결과 전체 판결 중 거의 절반은 만장일치였다. 이유는 사안이 간단해 이견이 있을 여지가 없었기 때문이다.

그는 나머지 경우에 대해 심층적인 조사를 했다. 만장일치가 아니었을 경우 얼마나 같고 달랐는가를 살폈다. 그는 판결을 내릴 때 9명 중에서 평균적으로 4.68명이 상호독립적이었다고 결론 내렸다. 이 말은 다른 사람의 판단에 영향을 받지 않고 자신의 의사에 따라 판결을 내린 사람이 평균 4.68명이었다는 것이다. 나머지 4.32명은 다른 사람의 판결에 영향을 받아 판결을 내린 것이다. 이 4.32명은 있으나 없으나 마찬가지인 셈이었다.

시로비치는 또 다른 질문으로 연구를 이어갔다. 그는 대법원의 9명이 내린 결과와 80% 정도 동일한 판결을 내리려면 몇 명의 판사가 필요한가를 계산해봤다. 연구방법이 흥미롭다. 그는 대법원 9명을 각각의 차원으로 봤다. 따라서 판결은 9차원으로 표시되는 그래프의 점으로 표현될 수 있다. 그는 이 점들을 몇 차원만으로도 표현 가능한가를 따져봤다. 그 말은 몇 사람만으로 9명이 내린 것과 80% 정도 비슷한 결론을 내릴 수 있느냐를 뜻한다. 연구 결과는 2차원, 즉 2명이었다.

우리는 이 결과를 잘 따져봐야 한다. 신빙성 있는 조사였더라도 그 결과를 잘 해석해야 한다. 결과대로라면 재판하는 수준을 대법원 수준의 80% 정도에 만족한다면 2명의 판사로 줄여도 될 것이다. 2명이 해도 될 일을 9명이 한 셈이니 대법원의 성적표가 그리 좋은 것은 아니다. 실제로도 그럴 수 있을까? 그렇지 않을 것이다. 평균적으로 2명이면 충분하지만 그 2명이 항상 동일한 사람일 리는 없다. 사안과 경우에 따라서 서로 다른 2명이 그런 결과를 내놓을 것이 뻔하다. 역시 잘 따져야 한다.

잠자고 있는 수학 본능을 깨워라

• 굿 윌 헌팅 •

수학 영화의 고전으로 뽑히는 〈굿 윌 헌팅〉(1997)은 '개천에서 용 났다'라는 표현이 딱 맞는 영화다. 주인공 윌 헌팅은 세계 최고의 공과 대학인 MIT에 다닌다. 그러나 학생도 아니고 교수도 아니다. 그는 청소부다. 그럼에도 교수나 학생들에게 주눅드는 법이 없다. 그에게는 타고났다고밖에 할 수 없는 지적인 능력이 있기 때문이다. 그는 특별한 힘을 들이지 않더라도 책을 빨리 읽고, 이해하며, 그걸 기억할 수 있었다.

자신의 탁월함을 알지만, 그는 그런 능력을 제대로 발휘해 살아가려 하지 않는다. 그저 친구들과 어울려 놀러 다니고, 술 마시고, 싸움질하며 세월을 보낸다. 이런 태도는 성장환경에서 비롯했다. 그는 부모에게 버림받아 입양됐는데, 양부모에게서 학대를 받으며 자랐다.

그래서 거칠고 반항적이었다. 그는 자신의 재능을 감추고 거꾸로 살아가고 있었다. 하지만 그 재능을 영원히 감추고 살 수는 없었다. 수학적 재능은 감출 수가 없는 법이다.

윌은 우연히 드러나게 된다. MIT 수학과 교수가 고심하며 학생들에게 내놓은 문제들을 윌은 청소하다가 간단히 풀어버린다. 교수는 그의 재능을 살려주려 하나, 윌은 그 모든 시도를 조롱하며 물거품으로 만들어버린다. 고심 끝에 교수는 그를 탁월한 심리학자인 숀에게 데려간다. 숀은 윌의 능력보다 그의 슬픔과 상처를 공감해준다. 숀과의 인연으로 윌은 결국 자신의 수학적 재능을 고스란히 드러내는 삶을 살아간다. 그만의 방식으로 장난스럽고 자유롭게!

주인공 역할은 맷 데이먼이 맡았다. 그는 간판과 돈을 앞세워 잘난 척 하는 명문대생을 조롱하는 역할을 아주 잘 해낸다. 하버드 대학을 중퇴한 그의 실제 경험이 반영된 것 같다. 대학 시절 맷 데이먼은 숙제로 소설을 썼는데, 이것이 이 영화의 원작이 됐다. 또 다른 출연자인 벤 애플렉이 공동으로 각본을 완성하였다. 실화는 아니지만 수학 이야기들을 잘 조합하여 실화에 버금가는 탄탄하고 감동적인 스토리를 갖추었다. 그것을 인정받아 1998년 아카데미 각본상을 수상하였다.

왜 하필 MIT일까?

이 영화의 주 무대는 MIT(매사추세츠공과대학)이다. 무수히 많은 대학 가운데서 왜 MIT일까? 수학과 관련된 영화에서 MIT는 심심치 않게 등장한다. MIT가 어떤 곳인가를 알고 나면 이 설정에 나름의 의도가 있음을 이해할 수 있다.

MIT는 고전 위주의 하버드 교육방식이 아닌 실용과 과학기술을 표방하며 1861년에 설립됐다. 150년 정도의 역사이지만, 그 저력은 대단하다. 2011년까지 MIT가 배출한 노벨상 수상자는 76명이나 되는데, 특히 과학과 수학에서 매우 강한 면모를 보여 왔다. 아인슈타인 이후 최고의 천재라고도 일컬어지는 리처드 파인만, 한국 KAIST의 외국인 총장이었던 로버트 로플린, 코피 아난 전 UN 사무총장, HP를 공동 창업한 윌리엄 휼렛, 경제학자 벤 버냉키 등이 대표적이다. 영국《가디언》에 따르면, MIT 동문들은 세계 2만 5800여 개 회사를 창업, 300여만 명을 고용하고 있으며, 이들 회사에서 나오는 수입만 연 2000조 원에 이른다고 한다. 경제 규모 11위인 러시아와 맞먹는 수치라고 한다.[31]

이런 저력은 그냥 생기지 않았다. 여느 명문대가 그러하듯 MIT 역시 공부를 많이 시키는 곳으로 유명하다. 강의와 더불어 토론, 프로젝트, 각종 시험 등이 혹독하다고 할 정도로 빡빡하게 진행되기에 공부에 대한 학생들의 압박감이 심하다. 그래서일까 MIT 학생의 자살율이 미국 대학생 평균의 두 배라고 한다. 하버드 대학에 비해서도 훨씬 높은 수치다.

훔치고 분해하고 전시하라!

한편으로 MIT는 창의적인 괴짜를 허용하고, 배출하는 학교로도 유명하다. 이러한 특징을 잘 보여주는 상징적인 사건이 있다. 경찰차 해킹 사건이다.

1994년 한 학생이 주차위반으로 경찰에게 딱지를 떼였다. 이에 분개한 학생은 경찰차를 훔친 후 기상천외한 일을 벌인다. 돔 형식의 MIT 중앙 건물의 꼭대기에 그 차를 올려놓았던 것이다. 더욱 재미있는 것은 이 일을 전해들은 총장의 한 마디다. 그는 학생에게 그 일을 용서할 테니 어떤 식으로 그렇게 한 것인지 말해달라고 했다. 차를 분해하여 꼭대기로 옮긴 후 재조립했을 텐데 그 아이디어와 기술이 대단하다고밖에 할 수 없다. 이런 해킹은 MIT의 기발함을 보여주는 하나의 아이콘이 되어 학교 공식 홈페이지에도 기록으로 남아 있다. 각종 기념일이 되면 이 놀이는 그 대상을 바꿔가며 계속되고 있다.

MIT의 이런 능력에는 나름의 역사적인 전통이 있다. 우리가 흔히 컴퓨터에 침입하여 정보를 유출하거나 시스템을 망가트리는 것을 '해킹'이라고 한다. 바로 이 해킹과 해커의 유래가 MIT이다.

1950년대 말 MIT의 모형 기차 제작 동아리에서 활동하던 학생들이 학교 소유의 컴퓨터를 몰래 이용했다. 컴퓨터가 귀하던 세상이라 호기심과 순수한 열정에서 비롯된 행위였다. '해크'라는 말은 이들이 '컴퓨터 작업에서 느끼는 즐거움'을 은어로 표현한 것이었다고 한다. '해커'란 말도 여기에서 유래했다. 이런 전통이 있었기에 경찰차나 소

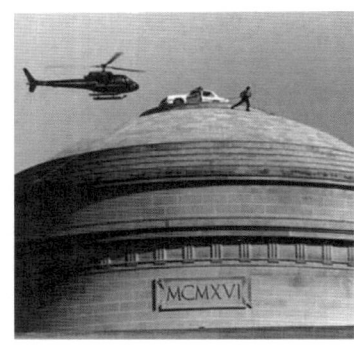

1994년 전시된 경찰차

9·11 테러 5주년을 기념하여
2006년에 전시된 소방차

전시된 칼텍(Caltech)의 대포, 2006년

테트리스 게임장으로 변한 21층 건물, 2012년

방차를 훔쳐다가(?) 건물 꼭대기로 옮겨놓는 장난이 얼마든지 가능할 수 있었던 것이다. 심지어는 대륙의 반대편에 있는 경쟁대학인 칼텍(Caltech, 캘리포니아공과대학)의 명물로 알려진 2톤짜리 대포를 가져와 학교 광장에 전시했단다. 유령 이삿짐 회사 명의로 서류를 만들어 경비원에게 보여주고 가져왔다고 한다.

청소부와 수학교수의 만남

MIT는 명문대이고, 과학과 수학 분야에서 강한 면모를 보이며, 기발함과 파격이 가능한 공간이다. 그렇기에 청소부인 수학천재 윌과 수학교수 램보와의 만남이라는 설정이 어색하지 않게 충분히 일어날 법한 공간이다. 램보와 윌은 수학을 사랑한다는 점에서는 비슷하다. 그러나 그들의 수학적 배경과 스타일은 너무 달라서 도대체 만날 일이 없어 보인다.

램보는 최고의 엘리트 코스를 밟으며 공부했고, 각종 명예와 지위를 누린 인물이다. 반면에 윌은 학벌이라고 내밀 것이 전혀 없다. 그는 독서와 사색을 통해 수학을 공부했으며, 전혀 주목받지 못했다. 이렇게 다른 두 사람이 부딪친다면 어떻게 될까? 처음 두 사람의 관계는 램보가 이끌어간다. 그가 윌을 찾고 이끌어준다. 그러다 무게 중심이 서서히 윌로 이동한다. 나이와 지위를 다 떼고, 수학과 수학이 맞붙을수록 윌이 관계를 주도해간다. 급기야 윌 앞에 램보는 무릎을 꿇고 만다.

램보는 윌에게 문제를 내 풀어오라고 한다. 윌은 해답을 아주 간단히 적어온다. 램보는 그것을 이해하지 못하고 질문하려 한다. 윌은 램보의 말을 막으며, 그게 맞다며 잘 생각해보라고 한다. 나중에는 너무 시시하다며 자신의 해답을 불태워버린다. 참 얄밉다. 천재의 풀이가 불태워지는 것을 보던 램보는 서둘러 불을 끄며 안타까워한다. 윌 앞에서 램보는 한없이 초라해진다.

램보가 수재였다면 윌은 천재였다. 램보가 살리에르라면 윌은 모차르트였다. 램보가 땅에서 난 자라면 윌은 하늘에서 난 자였다. 램보가 사회적 존재라면, 윌은 지극히 개인적 존재였다. 램보가 이성적이었다면, 윌은 직관적이었다. 이런 기막힌 대립을 한 공간에서 격돌하게 한 소설적 상상력이 절묘하다. 그런데 이런 설정이 순전히 창조적이라기보다는 패러디였을 것 같다는 느낌이 든다. 이런 만남이 수학사에서 실제로 있었기 때문이다.

수학노트, 라마누잔을 하디와 만나게 하다

라마누잔과 하디의 만남은 윌과 램보의 만남과도 같았다. 그들의 만남은 수학사에서 굉장히 극적이었다. 하디는 영국 케임브리지를 졸업한 최고의 수학자이다. 이에 반해 라마누잔은 여러 면에서 윌과 비슷했다. 그는 1837년에 남인도에서 브라만 계급의 아들로 태어났다. 지리적으로 떨어져 있던 두 사람은 나중에 영국 케임브리지에서 만나게 된다. 윌과 램보가 윌의 수학 낙서를 통해 만났던 것처럼 하디와 라마누잔의 만남 역시 라마누잔의 수학노트를 통해서 이루어졌다.

인도 최고 통치 계급인 브라만이었지만 라마누잔의 집은 형편이 좋지 않았다. 가난과 어머니의 열렬한 신앙적 배경 아래서 그는 성장했다. 브라만으로서 그는 자유롭게 사색했으며, 종교인으로서 종교적 감성과 율법을 몸에 익혔다. 현실에 매이지 않고, 형이상학적이고 철학적으로 맘껏 사유하였다. 수학을 특히 잘했는데, 선생님들의 수준을 넘어서기도 했다.

어느 날 수학 선생님이 어떤 수라도 자기 자신으로 나누면 1이 된다고 했다. 과일 세 개를 세 사람이 나누거나 1000개를 1000명으로 나누거나 답은 항상 1이 된다고 했다. 그러자 라마누잔이 질문했다. '그러면 0을 0으로 나눈 것도 1입니까? 0개의 과일을 0명의 사람이 나누면 각자 1개씩 가집니까?'[32]

0으로 어떤 수를 나누는 것은 금지다. 성립하지 않는다. 선생님은 아마도 자연수의 범주에서 그렇게 말씀하셨을 것이다. 일상적인 공간만을 고려 대상으로 삼아서 말이다. 그러나 라마누잔은 수 본래의 세계를 중심으로 생각했다. 그에게 현실은 사유의 중심 대상이 아니었다. 수 본래의 세계가 언제나 우선이었다.

오직 수학만을 고집하다

1903년, 라마누잔에게 중요한 사건이 일어난다. 그의 집에서 하숙하던 대학생들이 그에게 책 한 권을 소개했다. 그 책은 영국의 조지 슈브리지 카가 저술한 『순수수학과 응용수학의 기초 결과에 대한 개요』였다. 저자는 영국에서 유명하지도 않았다. 개인 교습을 하는 그는 강의 노트를 정리해 이 책을 펴냈다. 일종의 시험 대비용 교재였던 셈이다. 이 책의 특징은 세부적인 증명이나 풀이 없이 5000개 정도의 방정식이나 공식, 수학적 이론들을 주제별로 나열하여 편집한 점이었다. 친절한 교재가 아니라 학생의 적극적인 노력이 뒷받침되어야 하는 책이었기에 라마누잔에게 안성맞춤이었다.

라마누잔은 이 책을 보면서 과정과정을 스스로 생각해보았고, 그로부터 새로운 아이디어와 이론을 떠올리게 되었다. 그는 그런 사항들을 노트에 기록하기 시작했는데, 이것은 그의 보물 1호가 되었다. 이 사건을 계기로 그의 관심은 수학에 집중되었다. 자유롭고 형이상학적인 기질과 수학은 너무나 잘 맞는 궁합이었다.

수학에 심취하면서 그는 다른 방면에는 점점 무관심해졌다. 다방면에 뛰어난 실력을 발휘하던 그는 오로지 수학만을 공부하는 외골수로 변했다. 1904년, 뛰어난 고등학교 성적을 바탕으로 장학금을 받고 대학에 입학했지만, 결국 대학생활에 실패하고 만다. 그가 수학적으로 뛰어난 인물이라는 데에는 모두가 공감했으나 수학만을 공부하도록 내버려둘 사회적 공간은 없었다. 그는 대학을 포기하고, 그의 기질대로 수학을 공부하면서 노트에 그의 사색을 적어나갔다. 그러나 그러한 자유가 무한정 허용될 수 없었다. 그는 결혼을 했고 생계를 유지할

돈을 벌어야 했다.

그는 생활비를 벌면서 수학을 계속 공부할 수 있기를 바랐다. 그래서 택한 방법이 노트를 들고 다니며, 그에게 적절한 자리를 제공해줄 사람을 찾는 것이었다. 처음에는 인도에서 그런 사람을 찾았으나 실패했다. 그래서 1912년부터 머나먼 영국의 수학자들에게 자신을 소개하는 편지를 보내기까지 한다.

처음에는 별다른 소득이 없었다. 그는 세 번째로 하디에게 편지를 보냈다. 편지에는 자기 소개와 더불어 그가 연구한 성과들을 적었다. 하디가 편지를 보자마자 반응한 것은 아니었다. 라마누잔의 기호와 서술방식은 그만큼이나 독특했다. 정규과정을 착실히 밟은 하디에게 그 편지는 특별한 노력을 요구할 수밖에 없었다. 다행히도 하디는 그의 편지를 충분히 검토했고, 그 결과 라마누잔이 대단한 천재임을 알아보았다.

이렇게 해서 하디와 라마누잔의 세기적 만남은 성사됐다. 하디는 라마누잔을 지원할 방도를 찾다가 그를 영국으로 데려오고자 했다. 요청을 거부하던 라마누잔은 결국 영국으로 건너가 그가 꿈꾸던 것처럼 수학만을 연구하는 생활을 시작한다. 그러는 사이 라마누잔은 인도에서도 유명인사가 됐다. 영국의 학자들이 영국으로 모셔갈 정도의 천재로 알려진 것이다.

라마누잔과 하디, 두 사람은 서로의 한계를 보완해주며 공동연구를 진행하여 많은 논문을 남겼다. 라마누잔의 자유롭고 거침없는 아이디어는 하디가 상상도 못 한 새로운 세계를 보여주었다. 반면 하디는 서양수학의 기법과 논리를 통해 라마누잔의 아이디어를 검증하고 구체화시켜주었다. 그것이 말처럼 쉽지는 않았다. 그럼에도 불구하고 많은 성과를 낼 수 있었던 것은 두 사람 모두 수학을 사랑한다는 공통점이 있었기 때문이다.

　인도를 떠나 이국 땅에서 생활해야 했던 라마누잔은 현지생활에 많은 어려움을 겪었다. 브라만으로서 지켜야 할 생활규칙은 현지인들과의 어울림에 장애가 되었다. 그는 늘 고국을 그리워했고, 인도에서의 생활에 대한 향수에 젖어 있었다. 그로 인해 건강이 좋지 못했다. 결국 영국에서 인도로 건너왔지만, 33세라는 짧은 나이에 세상을 떠났다. 그러나 그의 노트는 아직도 후세인들에게 많은 영감을 주고 있다.

적절한 교육은 사람을 꽃피게 한다

라마누잔은 우여곡절 끝에 자신의 잠재능력을 발휘할 수 있었다. 그가 가진 모든 능력을 다 드러낸 것은 아니더라도 나름 성공한 인생을 살았다. 그러나 그의 능력은 인도가 아닌 영국에서 꽃피웠다.

　능력이 있다고 모두 성공하는 것은 아니다. 적절한 계기와 도움이 있을 때 가능하다. 라마누잔도 영국 사회, 구체적으로는 하디라는 계기가 있었기에 가능했다. 하디는 우선 라마누잔의 탁월한 능력을 알아봤다. 그리고 그의 능력이 잘 발휘될 수 있도록 환경을 조성해주는 아름다운 모습을 보였다. 하디는 인도의 교육이 했어야 할 일을 대신한 것이었다.

　전통적으로 교육은 학생들이 배우고 익혀야 할 것이 뭔가를 알려줬다. 교육은 그것을 전달해주고, 학생들은 그것을 받아서 배웠다. 학생들은 교육의 대상이었다. 하지만 교육이란 것이 학생들의 잠재능력을 꽃피워주는 것이라고 할 때, 교육의 출발점은 학생이 되어야 할 것이다. 강압적이고 잘못된 교육은 학생들의 능력을 짓밟고 빼앗아버릴 수 있다. 더 나아가 사회를 향해 적대감을 갖고, 자신의 능력을 삐뚫어진 방식으로 사용해 큰 문제를 일으킬 수도 있다.

유나바머(Unabomber)가 그렇게 잘못된 교육의 폐해로 영화에서 언급된 인물이다. 윌의 내면적 상처를 고려치 않고 수학적 재능만을 이끌어내려는 램보에게 심리학자인 숀이 그 예로 유나바머를 언급한다. 자칫 잘못하면 과도한 욕심이 오히려 큰 문제를 야기시킬 수 있다고 경고한다. 그는 대체 어떤 인물이었을까?

테러리스트가 된 수학천재

유나바머는 시어도어 존 카진스키(Theodore John Kaczynski)라는 사람의 별명이다. 수학의 역사에서 그는 굉장히 특이한 전력을 지닌 수학자로 기록된다. IQ가 167이었고, 하버드 대학을 거쳐 미시간 대학에서 수학학위를 받은 수학천재였다. 25세에 명문 버클리 대학의 수학교수가 되었고, 철학박사학위도 소유한 능력자였다. 그러나 이런 배경과 어울리지 않게 테러리스트로 체포되어 2013년 현재 수감 중에 있다.

유나바머(Unabomber)는 University and Airline bomber의 약자다. 대학과 항공사 폭파범이란 뜻이다. 이 별명은 실제 그가 했던 행동 때문에 FBI가 붙여준 별명이었다. 그는 1978년부터 항공사를 대상으로 폭탄테러를 저질렀다. 그로 인해 세 명이 숨지고 수십 명이 다쳤다. 그의 계속된 테러에도 불구하고 FBI는 범인을 잡지 못해 100만 달러의 현상금마저 걸었다. 1995년에 그는 폭탄테러를 벌인 동기를 설명해주는 선언문을 《뉴욕타임스》와 《워싱턴포스트》에 발표해 세상을 놀라게 했다. 그의 필체를 알아본 동생의 신고로 그는 붙잡혔고, 종신형을 선고받았다.

수학천재에서 폭탄테러범으로의 변신은 그 자체로 굉장한 미스터리였다. 그는 대학시절 본인이 미국 정부의 실험대상이 된 걸 알면서부터 현대문명을 혐오하기 시작했다. 급기야 현대문명을 등지고 산속으로 들어가 살아가는데, 자신이 살던 숲이 공사로 훼손되는 것을 보면서 그런 테러를 자행하게 된 것이었다. 그의 범행동기가 현대문명, 특히 과학과 기술에 대한 비판이었음을 그의 선언문 첫 구절은 잘 보여준다.

"산업혁명과 그 결과들은 인류에게 재앙이 되어왔다. 사람들의 기대수명은 크게 늘었으나 사회는 불안정해졌고, 삶은 불만족스러워졌으며, 인류는 모욕적인 삶에 종속되었다. 심리적 고통이(제3세계는 물리적인 고통까지도) 널리 퍼졌으며, 자연계의 피해가 심각해졌다."

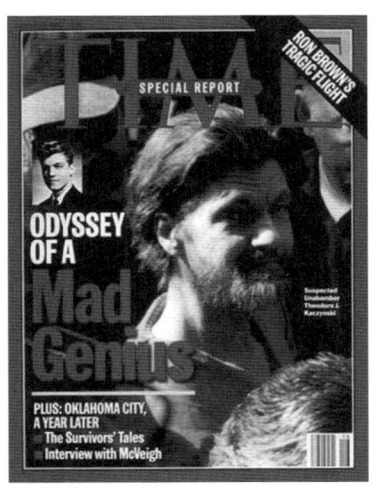

유나바머는 교육을 통해 잘 성장하는 듯 보였다. 그러나 교육이 자신을 이용한다는 걸 알고서 교육을 불신하게 됐다. 그러면서 자신의 탁월한 능력을 바탕으로 교육과 현대사회의 본질을 나름대로 해석해갔다. 그가 보기에 현대문명은 재앙에 불과한 것이었다. 이것이 그가 문명을 상징하는 대학과 항공사를 대상으로 테러를 저지른 이유다. 그의 비판에 일면 일리가 있기는 하나, 철학적 비판이 그의 행동을 정당화시켜줄 수는 없다.

  카진스키는 분명 뛰어난 지적 능력을 지닌 개인이었다. 대상을 분석하여 문제와 해결책이 무엇인가를 파악하는 수학적 재능을 타그났다. 그리고 그것을 숨겨둘 수는 없었다. 하지만 카진스키는 유나바머가 되었다. 수학천재로서 시작된 그의 삶은 테러리스트로 마감되었다. 얼마든지 다른 삶을 살아갈 수 있었을 텐데 참으로 아쉽다.

수학, 우주의 신비를 풀어내다

• 아인슈타인과 에딩턴 •

영화가 주는 즐거움 중 하나는 어려운 이론이나 개념을 아주 쉽게 이해할 수 있다는 점이다. 책을 보며 머리를 싸매지 않아도 되고, 어려운 강의를 집중해서 듣지 않아도 된다. 그저 편안한 자세로, 팝콘을 먹으며 이야기를 따라가기만 하면 된다. 그러다 보면 추상적 이론들이 눈앞에 선명하게 보이는 경우가 있다. 〈아인슈타인과 에딩턴〉(2008)은 그런 즐거움을 주는 영화다.

이 영화는 다큐멘터리 형식이다. 사실과 자료를 근거로 하여 두 사람 사이에 있었던 일을 있는 그대로 보여주고자 했다. 그러니 영화를 잘 보면 아인슈타인에 관한 사실적 정보를 많이 얻을 수 있다. 첫째 부인과의 관계가 어땠는지, 둘째 부인은 어디서 어떻게 만났으며, 아인슈타인이 미국으로 건너오기 전에 왜 독일에서 활동했는지 등을 알 수 있다.

중력이란 무엇인가? 중력 하면 떠오르는 사람은 뉴턴이다. 그러나 아인슈타인도 중력에 관해 이야기했다. 물론 서술 방식은 달랐다. 그의 주장은 일반상대성이론에서 제시된다. 이 영화는 아인슈타인이 이 이론을 제시한 1916년을 전후로 한 이야기다. 뉴턴과 아인슈타인이 중력에 대해 어떻게 다르게 설명했는지를 잘 보여준다. 뿐만 아니라 아인슈타인이 어떻게 중력에 대한 새로운 개념을 포착하여 설명하였는지, 그래서 뉴턴역학을 어떻게 대체하였는지, 그 과정에서 수학이 어떤 역할을 했는지도 알 수 있는 유익하면서도 재미난 영화다.

에딩턴이라는 과학자가 있었다

아인슈타인은 분명 보기 드문 천재다. 그러나 그의 모든 업적이 그의 개인적인 천재성만을 바탕으로 한 것은 아니다. 그의 업적 역시 이전의 연구 성과를 기반으로 하고 있다. 그 이전의 과학이나 수학의 발전이 없었더라면 아인슈타인은 그런 이론을 주창하지 못했을 것이다.

에딩턴은 아인슈타인의 일반상대성이론이 검증돼 세계적으로 확산되는 과정에서 매우 중요한 역할을 했던 영국의 과학자다. 그는 뉴턴역학을 최고로 치던 영국의 과학자였지만, 진실 추구를 위해 아인슈타인의 이론에 귀 기울인다. 또한 아인슈타인의 이야기를 가만히 듣지만 않고, 그 주장이 갖는가를 직접 확인하기까지 한다. 그의 실험을 통해 아인슈타인은 과학자들의 세계를 넘어서서 대중적인 스타로 유명세를 떨친다.

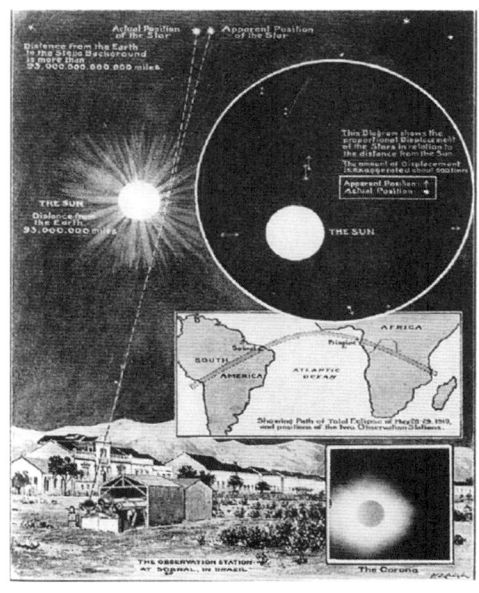

에딩턴 경의 일반상대성이론 확인 관측 결과를 보도한 1919년 11월 22일 영국 신문.

    이 영화는 1차 세계대전이 있었던 1914년부터 1919년까지를 배경으로 한다. 이때 아인슈타인은 어디서 무엇을 하고 있었을까? 그는 특허청에 근무하면서 1905년에 특수상대성이론을 발표했다. 그러다 독일 당국의 접촉을 통해 1914년에 베를린으로 이주한다. 프로이센 과학아카데미의 회원과 베를린 대학의 교수가 된 것이다. 아내와 아이들은 스위스에 있었는데, 이때 세계대전이 일어난다. 그로 인해 아인슈타인은 가족들과 헤어지고 결국 아내와도 이혼한다.

    전쟁 발발 후 독일과 영국은 적대국이 된다. 에딩턴은 당시 케임브리지 천문대장을 맡고 있는 영국의 과학자였으므로, 아인슈타인과 에딩턴은 적대국 과학자라는 관계에 있었다. 둘 사이에 개인적인 친분이나 교류는 없었다.

속도가 빨라지면 질량이 늘어난다

두 과학자의 교류는 아이러니하게도 전쟁 와중에 이뤄진다. 에딩턴은 국가의 요청으로 아인슈타인의 논문을 접하게 된다. 독일에서 아인슈타인을 영입하려고 공을 들이는 것을 보고 그가 누구인지 알아보라는 지시가 있었던 것이다. 이때 에딩턴은 아인슈타인의 특수상대성이론을 접한다.

특수상대성이론에서 아인슈타인은 물체의 질량이나 길이 같은 물리량이 절대적인 것이 아니라 운동상태에 따라 달라진다고 주장했다. 이 이론은 당시 물리학이 처한 난관을 극복하기 위한 과정에서 아인슈타인이 내세운 혁신적인 주장이었다. 그는 빛의 속도는 항상 불변이며 물체의 속도가 빛보다 빨라질 수는 없고 등속운동 중인 상태에서는 물리법칙이 항상 동일하게 성립해야 한다고 보았다. 그러기 위해서는 움직이는 속도이 따라 물리량이 달라져야 한다는 결론을 내렸다. 그의 주장대로라면 움직이는 속도에 따라 물체의 길이나 질량뿐만 아니라 시간과 공간마저도 변하게 된다.

$E=\frac{1}{2}mv^2$ (E: 에너지, m: 질량, v: 속도)을 통해 물체에 에너지를 가하면 어떤 현상이 일어날지를 생각해보자.

$$E = \frac{1}{2}mv^2$$

에너지를 더해준다. ← 질량 또는 속도가 증가한다.

물체에 에너지를 가하면 물체의 속도는 빨라지게 된다. 그러나 무한정 빨라질 수는 없다. 빛보다 더 빨라질 수는 없다. 고로 물체가 빛의 속도에 근접해지면 속도의 변화는 거의 없어지게 된다. 그렇다면 늘어나는 에너지는 어떻게 되는 것일까? 빛의 속도가 늘어날 수 없으니 남은 건 질량이 늘어나는 수밖에 없다. 즉 에너지는 질량으로 바뀌게 된다. 이때 늘어나는 질량 m은 $m=\dfrac{E}{c^2}$이다. 이로부터 $E=mc^2$이 나온다.

새로운 중력이론

영국의 과학자들은 에딩턴의 설명을 듣고 황당해한다. 실험자료도 없고, 증거도 없고, 참고문헌도 없는 주장일 뿐이었기 때문이다. 게다가 아인슈타인은 영국 과학의 자존심인 중력에 대해서는 전혀 언급하지 않았다. 고로 그들은 아인슈타인에 대해서 주목할 필요성을 느끼지 못했다. 하지만 에딩턴은 아인슈타인의 이론을 곰곰이 되씹어본다.

뉴턴의 중력이론 하에서는 설명되지 못하는 오차가 있었다. 그 오차는 태양에 가장 근접해 있는 수성에 존재하는 것이었다. 관측결과 수성의 세차운동은 100년에 대략 5600각초 만큼 일어나는데, 뉴턴역학의 계산결과로는 100년에 5557각초 만큼 일어난다.(각초는 1°의 $\dfrac{1}{3600}$이다) 43각초의 오차가 있었던 것이다. 에딩턴은 아인슈타인의 이론을 적용할 경우 그 오차에 대한 설명이 가능한지를 궁금해했다. 결국 그는 아인슈타인에게 편지를 써서 그것을 확인한다.

뉴턴은 중력이란 것을 질량을 가진 물체가 다른 물체를 끌어당기는 힘으로 봤다. 그리고 구체적인 힘의 관계를 수식으로 표현하였다. 그것이 만유인력의 법칙이다. 그러나 뉴턴도 중력이 왜 생기는가에 대해서는 설명하지 못했다. 그가 밝힌 것은 'know-how'였지 'know-why'가 아니었다. 이것은 아인슈타인의 몫이었다.

새로운 수학이 필요해

특수상대성이론은 물체가 정지하거나 같은 속도로 움직이는 특수한 조건 하에서의 법칙이다. 그래서 아인슈타인은 물체가 가속되는 상태까지도 포함하는 이론으로 확장시키고자 했다. 그러면서 뉴턴의 중력이론을 대체할 수 있는 중력이론을 찾고 싶어 했다.

뉴턴에게 있어서의 중력이란 물체가 물체를 잡아당기는 힘이다. 고로 물체가 사라지면 그 힘 또한 즉각적으로 사라지게 된다. 하지만 아인슈타인은 중력이 작용하는 속도 역시 빛의 속도를 넘을 수 없다고 봤다. 그는 중력을 하나의 장으로 간주했다. 물체가 사라진다고 해서 중력이 바로 사라지는 게 아니라 시간을 두고 사라지게 된다. 그런데 중력장은 가속도가 일정한 구간이므로 특수상대성이론이 확장된 법칙이 적용돼야만 했다.

뉴턴의 공식($F=G \cdot Mm/R^2$)에 따르면 중력의 세기는 거리의 제곱에 반비례한다. 거리가 멀어질수록 중력의 세기는 약해진다. 그래서 아인슈타인은 중력장 안에서 멀어질수록 시계가 더 빨리 간다는 결론을 내렸다. 이는 곧 속도가 더 느린 상태에서의 운동상태와 같다. 중력이 이렇게 시간에 영향을 미친다는 것을 그는 1907년에 처음으로 입증했다. 이제는 중력과 공간의 관계를 설명해야 했다.

5년이 지난 1912년 아인슈타인은 공간도 중력에 의해 휜다는 사실을 깨닫는다. 영화에서 그는 자신 때문에 차들이 진로를 바꾸는 것을 보고 그 영감을 얻는다. 그는 물질에 의해 공간이 휘게 되고, 그로 인해 물질이나 빛의 진로가 휘게 된다고 했다. 그게 바로 중력이었다. 결국 물질 또는 에너지가 원인이었다. 물질에 의해 공간은 휘게 되고,

그로 인해 중력이 발생하고, 중력에 의해 시간마저도 달라지는 것이었다. 시간과 공간은 이렇듯 서로 연결되어 있었으며, 물질과 무관하게 존재하는 것이 아니라 물질에 의해 탄생된 것이었다.

아인슈타인의 생각은 참으로 놀라운 것이었다. 그는 그것을 구체적으로 보여야 했다. 그 과정에서 그는 기존의 수학을 버려야 함을 깨닫는다. 기존의 기하학은 평면 위에서의 유클리드 기하학이었다. 그러나 그에게는 평면이 아닌 휘어진 면 위에서의 기하학, 즉 새로운 수학이 필요했다.

나는 수학을 매우 존경하게 되었다

아인슈타인은 그런 기하학을 알지 못했으므로 누군가의 도움을 받아야 했다. 이때 그에게 도움을 준 사람이 있었다. 기하학을 전공하는 수학자가 된 그로스만이라는 친구였다. 그 친구는 아인슈타인의 설명을 듣고 문헌들을 뒤져 그에 맞는 수학을 알려줬다.

그러나 그것으로 문제가 해결된 것은 아니었다. 공부해야 할 수학이 너무 어렵고 복잡했기 때문이다. 아인슈타인이 공부해야 할 것들은 비유클리드 기하학이었다. 그리고 이 기하학은 리만에 의해서 종합적으로 제시되어 있었다. 1854년 교수 취임 강연에서 리만은 공간의 곡률이란 개념을 통해 평면을 포함한 다양한 공간을 정의하며 기하학의 새로운 시대를 열었다. 그러나 그 개념은 낯설고 어려워서 아인슈타인조차도 리만을 모르고 있었다.

그 기하학이 너무 어려운 탓에 친구조차도 아인슈타인을 만류했다. 그러나 아인슈타인은 할 수밖에 없었다. 그리고 열심히 공부했다. 공

리만(1826~1866)　　에딩턴(1882~1944)　　아인슈타인(1879~1955)

"내 일생에서 이렇게 열심히 공부한 적은 없다.
나는 수학을 매우 존경하게 되었다.
이 문제와 비교하면 나의 특수상대성이론은
아이들 장난이다."

- 아인슈타인

부는 이후 3년이나 계속되었다. 그는 동료에게 이런 글을 남겼다.

"내 일생에서 이렇게 열심히 공부한 적은 없다. 나는 수학을 매우 존경하게 되었다. … 이 문제와 비교하면 나의 원래 이론(특수상대성이론)은 아이들 장난이다."[33]

특수상대성이론을 아이들 장난이라고 할 정도였다면 그가 해야 했을 공부가 얼마나 어려웠을지 가늠해볼 수 있다. 천재라 일컬어진 아인슈타인인데도 그랬다. 그럼에도 아인슈타인은 일반상대성이론을 연구하던 시절이 인생에서 제일 행복했던 때라고 여겼다. 이렇게 해서 아인슈타인은 그가 생각한 이론을 수학적인 언어로 표현할 수 있었다.

리만 기하학이 없었다면 어떻게 됐을까? 아마도 아인슈타인의 착상은 구체화되지 못하고 말 그대로 아이디어 수준에서 머물렀을 것이다. 다행히도 리만 기하학이 먼저 정립되어 있었기에 아인슈타인은 자신의 이론을 완성할 수 있었다. 그리하여 1916년 일반상대성이론이 발표됐다. 수학은 끝내 우주의 문제를 풀어내고야 말았다.

정말 중력에 의해 공간이 휠까?

아인슈타인은 이론 물리학자다. 실험과 관측을 통해서 대상을 관측하고 이론을 정립해가는 것이 아니라 순수한 사유 속에서 자연의 법칙을 추구해가는 것이다. 그의 이론은 정말 이론에 불과한 것이었다. 정말 그의 이론이 옳다면 그 이론이 맞는지를 보여야 했다.

공간이 휜다는 것을 어떻게 확인할 수 있을까? 공간이란 게 보인다면 그걸 찍어서 보여주면 되지만 공간은 결코 보이지도 만져지지도 않는다. 확인할 방법이 없다. 이런 점 때문에 아인슈타인의 상대성 이론은 과학자를 넘어서서 대중화될 수 없었다. 그래서 아인슈타인도 공간이 휜다는 그의 생각을 직접 확인하려고 시도했었다.

1912년 공간에 대한 착상이 떠오르자, 그는 실제 확인할 방법을 생각했다. 그는 당초 태양계에서 질량이 가장 큰 목성을 통해서 확인하려 했다. 그러나 나중에 목성 정도의 질량으로는 빛의 진로에 별다른 차이가 발생하지 않음을 알게 되었고, 대상을 태양으로 바꾸는 것이 낫다고 결론 내렸다. 그러나 전쟁이 발발하여 그것을 실행할 수 없게 돼버렸다.

아인슈타인의 이론을 검증하는 것은 다른 사람의 몫이었다. 그가 바로 에딩턴이다. 그는 일반상대성이론을 직접 확인하는 실험을 계획한다. 그 실험은 아인슈타인이 계획했던 것과 같은 것이었다. 태양을 대상으로 하여 태양 옆을 지나는 빛을 조사하는 것이었다.

정말 태양에 의해 빛이 휜다

밤하늘의 별 중에는 태양보다 먼 거리에 있는 항성들이 많다. 그 별에서 출발한 빛은 지구에서 그 별까지의 거리를 지나 지구에 있는 우리의 눈에 들어온다. 그런데 만약 그 별빛이 우리 눈에 들어오는 경로 중간에 태양이 있다면 어떻게 될까? 아인슈타인의 주장이 사실이라면 태양에 의해 별빛의 경로는 태양이 없을 때와 달라질 것이다. 그 경우 우리 눈이 확인된 별의 위치는 태양이 없을 때 확인된 별의 위치와는 다르게 될 것이다. 따라서 두 가지 경우 각각에서 별들의 위치를 사진으로 찍은 다음 비교해보면 된다.

그렇다면 어느 날이 실험에 적합할까? 태양이 없는 밤에 사진을 찍는 것은 쉽다. 그러나 태양이 떠 있을 때 그냥 사진을 찍는다면 별들이 보이지 않아 별의 위치를 확인할 수 없다. 따라서 태양이 떠 있으면서, 다른 별들의 위치를 사진으로 찍을 수 있는 날을 골라야 한다. 바로 개기일식이 있는 날이다. 개기일식 때는 태양이 하늘에 떠 있지만 달에 가려져 하늘이 어두워지기에 별들의 위치를 사진으로 찍을 수 있게 된다.

에딩턴은 개기일식이 있는 1919년 5월 29일을 골라 실험을 실시했다. 혹시 있을 가능성을 대비해 두 군데서 실험을 하도록 했다. 브라질과 아프리카 두 곳으로 팀을 보냈다. 촬영날씨가 좋지는 않았지만 그는 예정대로 사진을 찍었다. 여러 달의 분석을 거쳐 1919년 11월 6일 결과를 발표하였다. 결과는 아인슈타인의 이론이 맞다는 것이었다. 태양이 있는 경우와 없는 경우에서 별들의 위치는 달라져 있었다. 이는 태양에 의해 공간이 휘었다는 것을 보이는 것이었다.

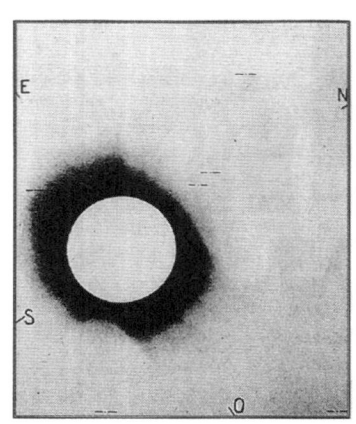

에딩턴이 찍은 개기일식 원판

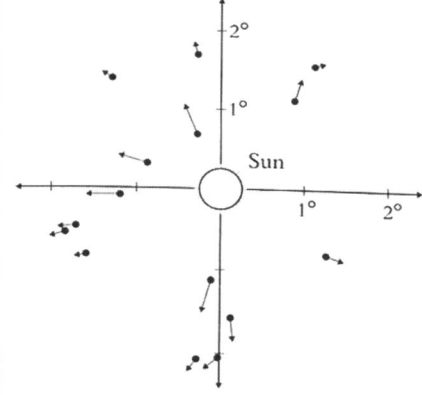

태양의 중력에 의한 위치 변화

에딩턴의 뒷이야기

실험 발표 이튿날 《타임스》(런던)지는 이 사실을 머리기사로 소개했다. 제목은 "과학의 혁명, 새로운 우주론, 뉴턴의 생각이 전복되다"였다. 아인슈타인의 이름조차 실은 적이 없던 《뉴욕타임스》도 "아인슈타인 이론 승리하다"라며 이 사실을 알렸다. 이런 소개에 힘입어 아인슈타인은 말 그대로 우리가 아는 '아인슈타인'이 됐다.

하지만 유명해진 것은 아인슈타인뿐이었다. 영국 과학자 에딩턴의 존재감은 미미했다. 그래서 영국의 BBC가 이런 영화를 제작했음에 틀림 없다. 자국의 과학자를 좀더 자랑하고 알리고 싶었을 게다. 영화는 충분히 그 목적을 달성하고 있다. 그런데 영화에서 에딩턴에 대한 다른 평가를 소개하지는 않는다.

영화 속 에딩턴은 정말 멋지다. 약자를 챙겨주고, 진실을 향한 소신을 굽히지 않는다. 아무런 영예도 바라지 않고 새 시대를 열어주는 순수한 과학자다. 하지만 그가 실험 결과를 조작했다는 후문이 있다. 아인슈타인의 명성에 올라타기 위해 그의 이론을 지지해주는 결과를 발표했다는 것이다. 그럼에도 불구하고 아인슈타인의 이론은 확고하다. 그것을 떠받들어준 수학 역시도 확고하다.

수에게서
사는 법을 배우다

• 박사가 사랑한 수식 •

"그를 만났을 때 내게 처음 물어온 것은 '언제 도착하였느냐?'는 것이었습니다. 나는 손목시계를 들여다보며 대답을 하려고 했지요. 그랬는데 그레이엄이 이렇게 힌트를 주는 거예요. 그 질문은 '생년월일이 어떻게 되느냐?'라는 뜻이라고 말이에요."[34]

수학자 마틴 가드너가 팔 에르되시와의 만남을 회상하며 한 말이다. 가드너도 수학자로 명성을 떨친 사람이었지만 팔 에르되시를 만나서는 당황스러운 경험을 해야만 했다.

에르되시는 그만의 독특한 언어세계를 형성하였다. 그는 태어난다는 것을 지구라는 별에 '도착한다'라고 표현했고, 죽는다는 것을 지구에서 '떠나다'라고 했다. 어린아이를 그리스 문자인 'ε', 수학 강의를 '설교', 수학 연구를 그만두는 것을 '사망하다'라고 했다. 그에게 사망이란 수학을 못 하는 것과 같은 것이었다. 그는 결혼한다는 것을 '포획되다', 이혼하는 것을 '해방되다'라고 표현했다. 결혼을 하면 수학을 못 하게 돼서 포획된 것이고, 이혼하면 다시금 연구할 수 있게 돼서 해방된 것이다.

그는 매우 재미있고 그만의 세계가 분명한 사람이었다. 그리고 그 세계의 중심은 수학이다. 그에게 수학이란 그가 살아야 할 자연이고, 지구에서의 삶은 수학과 관계 있을 때 의미를 갖는 것이었다. 동료 수학자의 업적이 대한 최고의 칭찬을 '하나님의 책에 있는 바로 그것'이라고 한 것만 봐도 알 수 있다. 그는 사람들과의 모든 관계도 수학을 매개로 해서 풀어나갔다. 수학을 먹고사는 이런 사람들이 혹 지구에 몰래 들어와 살고 있는 외계인들 아닐까? 이런 사람들이 인생을 살아가는 법은 다를 것이다. 그들에게도 친구와 사랑은 있을 것이고, 삶의 아름다움 또한 있을 것이다. 〈박사가 사랑한 수식〉(2005)은 이처럼 수학을 통해 인생을 아름답게 살아가는 한 인간의 이야기다.

수학, 세상을 아름답게 하다

인생을 아름답게 느끼며 살아갈 수 있다는 것은 대단한 축복이다. 그렇게 살 수 있는 방법은 간단하다. 사랑하는 뭔가를 만나 뜨겁게 사랑하면 된다. 사랑에 빠져 있을 때 인생은 그렇게 빛나고 따뜻하며 아름답다. 수학도 누군가의 인생을 그렇게 만들어줄 수 있다.

루트는 수학 선생님이다. 루트에게는 잊을 수 없는 선생님이 있다. 수학 박사인데, 평범한 수학자가 아니었다. 사고를 당한 후로 그의 기억은 그 사고 직전에서 멈춰 있다. 게다가 그 기억은 80분간 지속된다. 계속 기억하고 있지 않는 한 80분 이전의 일은 잊어먹는다. 따라서 자고 일어나면 어제 일은 모두 잊혀지고 사고 이전으로 돌아가게 된다.

루트의 어머니 쿄코는 박사님의 가정부가 된다. 이것이 계기가 되어 루트는 박사님과 알고 지내게 된다. 루트란 별명은 머리가 루트 기호($\sqrt{}$)처럼 반듯하다 하여 박사님이 머리를 쓰다듬으며 붙여준 것이었다. 모든 수를 품는 루트 기호처럼 관대하고 공평할 것이라는 칭찬과 함께. 박사님은 루트와 쿄코에게 그 누구와의 관계에서도 맛볼 수 없는 사랑과 아름다움을 선물해주었고, 그로 인해 루트는 수학 선생님이 되었다.

박사의 대화법, 수

박사의 사는 법은 참 독특하다. 그는 모든 것을 수나 수학을 중심으로 바라본다. 사람과의 만남에서도 수와 관련된 대화법을 구사한다. 쿄코가 박사님을 맨 처음 봤을 때 박사님은 쿄코에게 물었다. 신발 사이즈가 몇이냐고. 24라고 하자, 참으로 고결한 숫자라고 답한다. 4의 계승, $4!=4\times3\times2\times1$이기 때문이란다. 전화번호도 묻는다. 576-1455라고 하자, 굉장하다고 놀라워한다. 1부터 1억 사이에 존재하는 소수의 개수와 같기 때문이란다.

이 대화는 가정부가 출근하는 매일 아침 반복된다. 80분이 지나 잊었기 때문이다. 현관에서 아침마다 신발과 전화번호에 대한 이야기는 그렇게 반복된다. 이렇듯 박사의 머릿속에는 온통 수뿐이었고, 사람들과의 대화에서도 수가 가장 으뜸가는 주제였다. 에르되시 역시 그런 사람이었다.

"네 자리 숫자를 한번 말해봐."

"2532."

"그 숫자의 제곱은 6411024야. 하지만 나도 이제 나이가 들었는지 세제곱은 말하지 못하겠는걸. 이봐, 피타고라스 정리의 증명을 몇 개나 알고 있나?"

어린 시절에 에르되시를 만난 적 있는 한 사람이 회상한 그와의 대화 내용이다. 에르되시도 수학 이외의 것에는 무관심했다. 그가 처음으로 빵에 버터를 발라본 것이 스물한 살 때였다니 알 만하다. 수학만이 그를 생동감 넘치게 했고, 그는 사람들과 만나 수와 수학에 관해 이야기하는 걸 즐겼다.

쿄코는 처음에 당황했다. 그런 식의 대화가 처음이었기 때문이다. 그러나 그녀는 그런 대화에 익숙해지고 심지어는 닮아간다. 스스로 28의 약수의 합이 28이 된다는 걸 발견하여 박사에게 확인받기도 한다. 쿄코에게 숨겨진 수학적 재능이 있었기 때문이 아니다. 그보다는 그런 대화가 그녀에게 가져다준 선물 또는 효과 때문이었다.

박사의 독특한 대화는 그녀의 일상을 바꿔주었다. 신데렐라의 마법처럼 그녀의 일상을 반짝반짝 빛나게 해준 것이다. 매일 아침 그녀는 박사로부터 자신이 고결하고 굉장한 존재임을 확인받았다. 사랑하는 사람 사이에서나 들어볼 법한 말을 매일 듣는데 어찌 변하지 않을 수 있겠는가?

가정부에 미혼모인 쿄코는 평범한 인물이다. 어찌 보면 하찮다고도 할 만한 그런 존재다. 아무런 의미 없이 갖게 된 그녀의 전화번호처럼. 그러나 박사는 그녀의 주변을 둘러싼 그런 하찮은 존재들이 굉장하고 고결한 것들임을 새롭게 각인시켜줬다. 그녀 스스로를, 그녀 삶의 의미를 다시 보게 해준 것이다. 마법과도 같은 그런 일을 박사가 해준 것이다. 도대체 박사는 어디서 그런 마법을 배워온 것일까? 마법학교라도 있었던 것일까?

진정한 수학은 쓸모 없는 것이다

박사의 이런 능력을 추측하게 해주는 배경이 스치듯 짧게 언급된다. 그가 영국의 케임브리지 대학에서 수학을 공부했다는 것이다. 영화 전반에서 보여지는 박사의 말, 특히 수에 대한 그의 말을 고려해보면 케임브리지에서 교수생활을 했던 G. H. 하디(1877~1947)와 거의 흡사하다. 하디는 케임브리지 대학에서 순수수학 교수로 활동한 바 있다. 그는 영국 수학사에서 매우 중요한 역할을 한 인물이다.

  영국은 뉴턴 이래로 경험적 세계를 우선시하는 면모를 강하게 보였다. 철학 역시 경험론적인 철학이 강세를 보이며 발달해왔다. 이런 경향은 수학에서도 마찬가지였다. 수학 역시 응용수학이 주류를 이뤘다. 수학과 물리학이 결합된 수리물리학은 영국의 전문분야였다. 켈빈, 맥스웰, 톰슨 같은 학자들이 이 같은 토대 위에서 배출됐다.

  이런 경향은 미적분이 어디에서 먼저 시작됐느냐는 우선권 분쟁으로 더욱 공고해졌다. 뉴턴과 라이프니츠의 분쟁이 영국과 유럽대륙의 자존심 싸움으로 비화되면서 영국은 대륙의 학문과 단절하게 된다. 유럽 대륙은 영국보다 학문 자체의 철저함과 엄밀함을 우선시했다.

합리론적인 철학의 토대가 작용한 것이다. 따라서 영국은 유럽대륙의 그런 장점을 받아들이지 않고 영국적인 것에 자존하고 있었다.

하디는 이 같은 영국의 분위기에 엄밀함을 추구하는 새로운 경향을 도입하였다. 그는 실용성과 유용성에 중심을 두던 그 이전의 경향을 혐오했다. 그런 반작용으로 인해 그는 오히려 수학의 무용성을 주장하였다. 우주를 이해하기 위해 발달했던 수리물리학에 대해서도 비판의 칼날을 세웠다. 그는 펜을 들어 순수수학이나 외국의 수학을 영국에 소개하며 영국 수학계의 본질적인 변화를 유도했다. 그는 수학적 정리의 아름다움, 순수한 사유로서의 자유로움 등을 응용과 실용성보다 우선시하였다.

박사가 케임브리지에서 수학을 공부했다는 것은 이러한 수학관을 지녔음을 암시한다. 박사는 하디가 그러했던 것처럼 물리적 실재보다 수학적 실재를, 수학적 유용성보다는 수학적 순수성을, 수학의 실용적 측면보다는 수학의 미적인 측면을 중요시했다. 그들에게 수학이란 물리적 실재와 상관없이 존재했던 또 하나의 세계였다. 고로 수학이란 인간이 발명하는 게 아니라 발견하는 것이었다.

수에게서 인생을 배운 박사

박사는 수학 이론만을 익힌 것이 아니라 수에게서 인생을 배웠다. 그는 수가 주는 영원함과 아름다움을 만끽했으며 그런 아름다움을 일상의 소재와 사물, 사건을 통해 쉽고 다정하게 하나하나 소개해주었다. 이것은 박사가 사람들과의 관계를 풀어가기 위해 그가 나름대로 개발한 방법이었다. 루트와 쿄코에게 그 방법은 유효했다.

어느 날 박사는 쿄코에게 생일을 물었다. 그녀는 2월 20일이라고 답했다. 그러자 그는 하던 일을 멈추게 한 후 그가 예전에 초월수에 관한 논문으로 받은 시계의 수상번호를 확인하게 한다. 그것은 284였다. 박사는 220과 284의 모든 약수를 적게 한 후 그 모든 약수를 직접 더해보게 한다. 그녀는 자기 자신을 제외한 모든 약수를 차근차근 더해간다.

220 : 1+2+4+5+10+11+20+22+44+55+110=284
284 : 1+2+4+71+142=220

계산을 마친 그녀는 놀란다. 220의 약수의 합은 284, 284의 약수의 합은 220이다. 자신의 약수의 합이 상대 수와 같은 쌍이었던 것이다. 그런 두 수가 매우 드물어 페르마나 데카르트 같은 대학자들도 한 쌍씩밖에 찾지 못한 우애수(友愛數)라는 걸 알려준다. 또 다른 나를 뜻하는 친구와도 같은 수들이다. 그러고는 한마디를 멋지게 더한다. "신의 손길로 맺은 수, 아름답지 않은가? 당신의 생일과 내 손목시계가 그렇게 연결돼 있다는 것이?" 이런 멋진 멘트에 감동받지 않을 사람이 어디 있겠는가? 그녀는 자신의 생일에서 신의 손길을 느끼며 그녀는 그렇게 변해간다. 수학으로도 이렇게 한 사람을 멋지게 감동시킬 수 있다니!

220과 284라는 우애수는 피타고라스 학파에 의해서 발견됐다. 그 다음 작은 우애수는 1866년에 이탈리아 소년 파가니니가 찾아낸 1184와 1210이다. 이 쌍은 페르마나 데카르트가 다른 우애수를 찾은 이후에 발견된 수였고, 그들이 찾은 것보다도 훨씬 더 작은 수였다. 그 이전의 어떤 사람도 찾지 못한 것을 소년이 찾아냈다.

박사가 가장 사랑한 수는 소수(素數)였다. 박사가 소수를 사랑한 이유는 고고(孤高)함 때문이었다. 소수는 무한하다. 그리고 우리는 그 소수의 속성을 알 수 없다. 이는 마치 밤하늘의 별과 같다. 별은 우리의 머리 위에서 반짝반짝 빛나며 그 존재를 나타낸다. 그러나 우리는 별을 그저 볼 수 있을 뿐 만지거나 다가갈 수 없다. 말 그대로 외롭게 높이 떠 있는 것이다.

게다가 소수는 그 어떤 수로도 나눠지지 않는다. 그 어떤 것으로도 대체되거나 쪼개지지 않는다. 가장 완전한 존재 그 자체다. 이건 마치 우리 한 사람 한 사람이 고유한 존재인 것과 같다. 소수가 무한하면서 독립적이며, 완전하면서도 무결한 가치를 갖는 것처럼 사람도 그렇다. 그래서 박사는 소수를 고유하게 대하듯 사람도 그렇게 대한다. 이것이 수학밖에 모르면서도 루트와 쿄코를 감동시키고, 그들과 친구가 될 수 있었던 이유다.

약수의 합이 자기 자신과 딱 맞는 완전수

박사가 주목하는 수로 완전수도 있다. 완전수는 자기 자신을 제외한 약수들의 합이 자기 자신과 같아지는 수다. 가장 작은 완전수는 6이다. 기원전에 6, 28, 496, 8128이 완전수로 밝혀졌다. 그 성질로 말미암아 완전수는 완전성을 대변하게 되는데, 스파르타 원로원이 28명이었던 것을 그 예로 들기도 한다. 네 개의 완전수들은 다른 완전수에 대한 추측을 가능케 했다.

유클리드는 네 개의 완전수를 다음과 같이 배열하여 규칙성을 찾아냈다.

6=(1+2)×2

28=(1+2+4)×4

496=(1+2+4+8+16)×16

8128=(1+2+4+8+16+32+64)×64

유클리드는 완전수들이 2의 제곱수를 특정 수까지 더한 것에 그 마지막 수를 곱한 것이 된다는 것을 발견했다. 그렇다면 2의 몇 제곱수까지를 더해야 할까? 그는 1부터 2의 제곱수까지 더한 합이 소수가 된다는 것을 발견했다. 1+2=3, 1+2+4=7, 1+2+4+8+16=31, 1+2+4+8+16+32+64=127. 대단한 관찰력, 아니 대단한 인내력이다. 그래서 유클리드는 위와 같은 규칙을 통해서 완전수를 만들 수 있다고 했다.

기원후 신피타고라스 학파의 일원이었던 니코마코스(50~150?) 역시 네 개의 완전수를 보고 나름대로의 추측을 했다. 그는 네 개의 완전수가 모두 짝수이고, 일의 자리 수 6과 8이 번갈아 나타난다는 것과, 자릿수가 하나씩 늘어난다는 것에 착안했다. 그러고는 모든 완전수는 짝수이고, 짝수인 완전수는 6과 8이 번갈아 나타나며, 한 자리씩 늘어난다는 과감한 추측을 내놓았다.

다섯 번째 완전수인 33550336이 1536년에 발견됐다. 다섯 번째 완전수의 일의 자리 수가 6인 여덟 자릿수가 됨으로써 니코마코스의 추측은 빗나갔다. 그럼에도 완전수는 6과 8만을 일의 자리 수로 하고 있다. 발견된 모든 완전수가 그렇다. 한편 이 완전수는 유클리드의 완전수 규칙성을 만족한다. 2의 13제곱까지의 수를 더한 수 8191이 소수이므로 여기에 2의 13제곱을 곱하면 다섯 번째 완전수가 나온다. 신기하다!

$$33550336=(1+2+4+\cdots+2^{13})\times 2^{13}$$

완전수의 신기한 속성은 완전수가 삼각수의 합으로 표현 가능하다는 데에도 있다. 삼각수란 삼각형 모양으로 늘어나는 점의 수를 더한 수를 말한다. 대수적으로는 1+2+3+4+5+…의 형태로 표현된다. 또한 홀수인 완전수는 아직 발견되지 않았고, 그 존재 여부도 확인도지 않았다.

6=1+2+3
28=1+2+3+4+5+6+7
496=1+2+3+…+31
81286=1+2+3+…+127

소수나 완전수, 우애수 같은 수는 약수를 통해 수를 분류하는 과정에서 등장했다. 이는 정수론을 확장시켜온 주된 방법이었다. 꼬리에 꼬리를 물며 새로운 수들이 발견됐다. 수학적으로 의미 있는 수들뿐만 아니라 웃기고 재미있는 그런 수들도 있었다.

우애수를 통해 '부부수'라는 것도 등장했다. 이는 자신을 제외한 약수들의 합을 따졌던 것과 달리 '1과 자기 자신을 제외한 약수의 합'이 상대 수와 같아지는 쌍을 말한다. 48과 75, 140과 195, 1575와 1648 등이 그 예이다.

'스미스 수'처럼 우연히 등장한 것도 있다. 앨버트 윌란스키는 처남의 전화번호가 4937775=3×5×5×65837인 것을 보고 희한한 점을 발견했다. 이 수의 각 자리 수를 모두 더한 값은 42인데, 이 수의 인수

박사는 낙엽 하나를 손으로 주물러

잘게 쪼개진 낙엽을 입으로 불어버린다.

1이 사라진 것이다. 1은 어디로 간 것일까?

무한한 수 앞에서 유한한 인간이

겸허한 것 말고 어떤 태도를 유지할 수 있을까?

의 자리 수를 더한 것도 42였다. 이렇듯 자리 수를 모두 더한 값과 소수 인수들의 자리 수를 더한 값이 같은 수를 스미스 수라고 한다. 666이 그런 수에 속한다. 666=2×3×3×37이므로 자리 수를 더한 값과 인수의 자리 수를 더한 값은 모두 18이다. 이것이 무슨 의미가 있냐고? 꼭 의미가 있어야 하는 걸까?

수, 사람을 겸허하게 하다

사랑하면 닮게 마련이다. 수를 사랑하는 박사는 수의 속성을 쏙 빼닮게 된다. 수로 인해 박사가 갖게 된 가장 기본적인 삶의 태도는 겸허함이다. 무한한 수 앞에서 유한한 인간이 겸허한 것 말고 어떤 태도를 유지할 수 있을까?

끝없이 이어지는 수, 인간이 아무리 세도 그 끝을 알 수 없다. 수에 대해 우리가 모르는 것이 어디 그뿐이랴! 수의 성질 또한 밝혀지지 않은 게 많다. 소수나 완전수의 규칙성, 수를 소수로 분해하는 인수분해 방법 등과 같은 기본적인 것조차 미해결 상태다. 박사는 이걸 너무도 잘 알고 있다. 수를 대강 알거나 실용적으로만 생각하는 사람들은 수란 쉬운 것이라고 생각하기 쉽다. 그러나 박사는 다가갈수록 신비로움을 느낀다. 잘 모르겠다라는 것만 알아가게 되는데 어찌 겸손해지지 않을 수 있으랴!

루트는 뭔가 이상하다는 표정으로 박사에게 나뭇잎도 1이라고 말한다. 박사는 그렇다며, 나무 하나도 1이라고 답한다. 루트는 모든 대상이 1이라는 게 신기하다고 말한다. 박사는 1이 무엇인지도 어려운 문제라고 한다. 그러고는 낙엽 하나를 손으로 주물러 잘게 쪼개진 낙엽을 입으로 불어버린다. 1이 사라진 것이다. 1은 어디로 간 것일까? 사라진 것일까? 많은 수로 변할 것일까? 둘의 대화에서 우리는 1과 2, 1+1=2라는 사실에 의문을 제기했던 소크라테스 같은 면모를 본다.

수란 이처럼 무한하고, 신비하며, 모호하고, 의문투성이다. 고로 박사에게 세상이란 것도 마찬가지다. 세상 역시 신비하며 무한한 것이다. 인간은 그런 세상을 자기의 한계만큼만 알다 가는 것이다. 박사는 그걸 잘 알고 있기에 겸손했고, 늘 세상을 신비롭게 대했고, 그런 세상을 궁금해하며 알아가려고 노력했다. 겸손하고 성실한 박사의 면모는 이렇듯 수에 대한 사랑으로부터 비롯된 것이다.

그렇기에 박사에게 수를 만나는 시간은 가장 중요한 시간이다. 가장 성스러운 시간이라고도 할 수 있다. 이럴 때 말을 걸거나 질문하는 것은 화장실을 엿보는 것과 같은 실례가 된다. 삶이란 수학을 위해서 존재하는 것이고, 수학을 공부하지 않는 삶이란 의미가 없는 것이다.

에르되시 역시 그랬다. 그는 약물을 지속적으로 복용했는데, 그것을 걱정한 한 친구와의 내기로 한 달 동안 약물을 끊은 적이 있었다. 내기에 이긴 후 그는 자신이 약물중독자가 아니란 사실은 증명했지만 그동안 아무 일도 못 하고 멍하니 백지장만 쳐다보았다고 후회했다. 결국 그는 그로 인해 수학이 한 달씩이나 후퇴했다며 약물을 다시 복용했다고 한다. 수학을 하지 않는 인생이란 의미가 없었던 것이다.

영원한 수식, 영원한 세상, 영원한 사랑

박사의 수에 대한 사랑은 사람에게 그대로 적용된다. 수는 무한하며, 수의 성질 또한 무한하다. 가까이 다가갈수록 수는 새로운 모습을 선

보인다. 그 어떤 수도 의미 없는 수가 없고, 신비함이 없는 수가 없다. 다만 우리가 그걸 모를 뿐이다. 사람도 마찬가지다. 그 어떤 사람도 무의미하지 않고, 고유한 아름다움과 신비를 간직하고 있다. 우리에게 필요한 건 사랑스런 눈길과 따스한 손길뿐이다.

수는 영원하고 절대적이다. 변치 않고 그 모습 그대로다. 그래서인지 박사는 한결 같은 맘으로 사람들을 대한다. 이런 그의 태도는 그가 제일 사랑한 수식에 나타난다. 그것은 오일러가 남긴 등식이다.

$$e^{\pi i}+1=0$$

e는 자연상수라고 알려진 것으로, 그 값은 대략 2.71828182834 59…이다. 순환하지 않는 무한소수인 무리수로서, 제곱근이 들어가지 않은 것이다. π는 원주율로서, 원주가 원의 지름의 몇 배인가를 나타내는 상수다. i는 제곱해서 -1이 되는 어떤 수인 허수($i=\sqrt{-1}$)를 지칭하는 기호이다. 거기에 모든 수의 출발점인 1, 유와 무의 경계인 0이 이 식에 포함된다. 오일러의 공식은 이렇듯 수학에서 중요한 다섯 개의 수들이 절묘하게 결합되어 완벽한 조화와 균형을 이루고 있다.

수식이 영원하고 조화를 이루듯이 이 세상도 마찬가지다. 한 송이 들꽃, 돌멩이 하나, 바람 한 줄기, 웃는 아이 모두 홀로 고유한 존재들이다. 그렇지만 그들은 절묘하게 어울려 또 하나의 세계를 이루며 살아간다. 모든 존재는 전체이자 부분이다. 어느 것 하나 소중하지 않은 것이 없다. 그래서 삶은 감동이고 신비이며, 세상은 아름답다.

To see a world in a grain of sand 모래 한 알에서 하나의 세계를 보고
And a heaven in a wild flower. 들꽃 한 송이에서 하나의 천국을 보라.

Hold Infinity in the palm of your hand 그대의 자그만 손바닥에 무한을 담고
And Eternity in an hour. 순간에서 영원을 느껴라.

〈Auguries of Innocence〉, William Blake 〈순수의 전조〉, 윌리엄 블레이크

주:

1 앨프리드 W. 크로스비, 김병화 옮김, 『수량화 혁명』, 심산, 2005, 211쪽.
2 앨프리드 W. 크로스비, 같은 책, 106쪽.
3 앨프리드 W. 크로스비, 같은 책, 125쪽.
4 앨프리드 W. 크로스비, 같은 책, 116쪽.
5 《한겨레》 2004년 9월 9일, "리만의 가설이 풀릴 땐 전자상거래 붕괴?"
6 〈연합뉴스〉 2011년 6월 26일, "윙클보스 형제, 페이스북 상대로 또 소송"
7 《경향신문》 2012년 10월 5일, "페이스북 이용자 10억명 돌파…세계인 7명 중 1명이 페이스북 친구"
8 앨버트 라슬로 바라바시, 강병남·김기훈 옮김, 『링크』, 동아시아, 2002, 51쪽.
9 앨버트 라슬로 바라바시, 같은 책, 63쪽.
10 앨버트 라슬로 바라바시, 같은 책, 85쪽.
11 앨버트 라슬로 바라바시, 같은 책, 112쪽.
12 강범모·김흥규, 『한글 사용빈도의 분석』, 고려대학교민족문화연구원, 1997.
13 마틴 가드너, 이충호 옮김 『이야기 파라독스』, 사계절, 2003, 30쪽.
14 《헤럴드경제신문》 2012년 3월 9일, "경제난 서민이 기댈 곳은 로또뿐? … 판매량 급증"
15 《서울신문》 2012년 11월 17일, "[로또 10년, 경과 암] 1등 당첨금 평균 21억원… 2942명 '인생역전'"
16 고드프레이 해럴드 하디, 정회성 옮김, 『어느 수학자의 변명』, 세시, 2011, 53쪽.
17 레오나르드 믈로디노프, 이덕환 옮김, 『춤추는 술고래의 수학 이야기』, 까치, 2009, 45쪽
18 후지무라 고자부로·다무라 시부로, 김관영·유영호 옮김, 『수학 역사 퍼즐』, 전파과학사, 1994, 163쪽.
19 윌리엄 던햄, 조정수 옮김 『수학의 천재들』, 경문사, 2004, 247쪽.
20 〈쿠키뉴스〉 2012년 4월 3일, "가장 부자 만들어주는 학문은 따로 있다"
21 〈내일신문〉 2012년 7월 9일, "호주 수학자 19명 도박단 조직, 3년간 2조8천억 벌어"
22 브라이언 트렌트, 전영택 옮김, 『소설 히파티아』, 궁리, 2007, 7쪽.
23 《헤럴드경제》 2010년 12월 3일, "풀리지 않은 수수께끼. 외계인 논란 BC 3세기부터 있었다"

24 《한겨레》 2007년 4월 25일, "ET의 존재를 주장한 조선 과학자, 홍대용"
25 《매일경제신문》 2011년 4월 22일, "쓸쓸히 죽어간 아인슈타인의 손녀"
26 《신동아》 2007년 11월 1일 통권 578호(pp. 348~360), "문용린 전 교육부장관의 신천재론"
27 아인슈타인, 김대웅 편역, 『아인슈타인 명언』, 보누스, 2009.
28 스티븐 호킹, 전대호 옮김, 『스티븐 호킹의 청소년을 위한 시간의 역사』, 웅진지식하우스, 2009, 57쪽.
29 두산백과
30 사이먼 싱, 박병철 옮김, 『페르마의 마지막 정리』, 영림카디널, 2003, 60쪽.
31 《동아일보》 2011년 5월 19일, "MIT 졸업생 年수익 2000조…러시아 GDP와 맞먹어"
32 로버트 카니겔, 김인수 옮김, 『수학이 나를 불렀다』, 사이언스북스, 2000, 33쪽.
33 레오나르드 플로디노프, 전대호 옮김, 『유클리드의 창: 기하학 이야기』, 2002, 까치, 224쪽.
34 폴 호프만, 신현용 옮김, 『우리 수학자 모두는 약간 미친 겁니다』, 승산, 1999, 17쪽.
35 폴 호프만, 같은책, 82쪽.

『수냐의 수학영화관』에서 함께 본 작품

모던 타임즈 Modern Times 감독: 찰리 채플린 | 출연: 찰리 채플린, 폴레트 고더드 | 1936
스니커즈 Sneakers 감독: 필 올든 로빈슨 | 출연: 로버트 레드퍼드, 시드니 포이티어 | 1992
소셜 네트워크 The Social Network 감독: 데이비드 핀처 | 출연: 제시 아이젠버그, 아미 해머 | 2010
인셉션 Inception 감독: 크리스토퍼 놀런 | 출연: 레오나르도 디카프리오, 와타나베 켄 | 2010
문명과 수학 제작: EBS | 연출: 김형준 | 2011
스탠드 업 Stand and Deliver 감독: 라몬 메넨데즈 | 출연: 에드워드 제임스 올모스, 에스텔 해리스 | 1987
넘버스 Numb3rs 제작: 미국 CBS | 감독: J. 밀러 토빈 外 | 출연: 롭 모로, 데이비드 크럼홀츠, 2005~2010
용의자 X의 헌신 容疑者Xの献身 감독: 니시타니 히로시 | 출연: 후쿠야마 마사하루, 츠츠미 신이치 | 2008
페르마의 밀실 La Habitacion De Fermat 감독: 루이스 피에드라이타, 로드리고 소페냐 | 출연: 루이스 호마르, 알레조 사우라스 | 2007
페르마의 마지막 정리 Fermat's Last Theorem 제작: BBC | 연출: 존 린치, 사이먼 싱 | 1996
21 21 감독: 로버트 루케틱 | 출연: 짐 스터게스, 케이트 보스워스 | 2008
아고라 Agora 감독: 알레한드로 아메나바르 | 출연: 리이첼 웨이즈, 맥스 밍겔라 | 2009
콘택트 Contact 감득: 로버트 저메키스 | 출연: 조디 포스터, 매슈 맥커너히 | 1997
아이큐 I.Q. 감독: 프레드 쉐피시 | 출연 : 팀 로빈스, 멕 라이언 | 1994
옥스퍼드 살인사건 The Oxford Murders 감독: 알렉스 드 라 이글레시아 | 출연: 일라이저 우드, 존 허트 | 2008
부러진 화살 감독: 정지영 | 출연: 안성기, 박원상 | 2011
굿 윌 헌팅 Good Will Hungting 감독: 구스 반 산트 | 출연: 로빈 윌리엄스, 맷 데이먼 | 1997
아인슈타인과 에딩턴 Einstein and Eddington 제작: BBC | 감독: 필립 마틴 | 출연: 데이비드 테넌트, 앤디 서키스 | 2008
박사가 사랑한 수식 博士の愛した數式 감독: 고이즈미 다카시 | 출연: 데라오 아키라, 후카츠 에리 | 2005

찾아보기

| 인명 색인 |

ㄱ

가드너, 마틴(1914~2010) 30, 112, 113, 248
갈릴레이, 갈릴레오(1564~1642) 17, 67, 69, 106
괴델, 쿠르트(1906~1978) 122, 182, 183, 219
구드리, 프란시스(1831~1899) 111
김웅용(1962~) 191

ㄴ

뉴턴, 아이작(1642~1727) 63, 64, 67, 237, 240, 241, 247, 252
니코마코스(50~150?) 256

ㄹ

라마누잔, 스리니바사(1887~1920) 228~232
러셀, 버트런드(1872~1970) 59, 60
리만, G. F.(1826~1866) 27, 28, 61, 106, 242~244
리틀우드, J. E.(1885~1977) 87

ㅂ

베르누이, 요한(1667~1748) 67

브라헤, 티코(1546~1601) 160
비트겐슈타인, 루트비히(1889~1951) 206

ㅅ

사반트, 마릴린(1946~) 151, 191
세이건, 칼(1934~1996) 168

ㅇ

아리스타쿠스(BC 310~BC 230) 66, 160
아인슈타인, 앨버트(1879~1955) 41, 174, 181~185, 187, 190~193, 219, 225, 236~247
아폴로니오스(BC 262~BC 190) 158, 159, 161, 162
에딩턴, 아서 스탠리(1882~1944) 236~240, 243, 245~247
에르되시, 팔(1913~1996) 40, 41, 151, 248, 250, 251, 260
에셔, 모리츠 코르넬리스(1898~1972) 52, 53
에우독소스(BC 408?~BC 355?) 158
오일러, 레온하르트(1707~1783) 37, 38, 64, 103, 117~119, 261
와일즈, 앤드루(1953~) 64, 130~138, 182
유클리드(BC 330?~BC 275?) 32, 61,

63, 158, 242, 255, 256

ㅈ
주커버그, 마크(1984~) 34, 35

ㅋ
카르다노, 지롤라모(1501~1576) 122, 146
카진스키, 시어도어 존(유나바머)(1942~) 233~235
칸토어, 게오르크(1845~1918) 122, 188
케플러, 요하네스(1517~1630) 125~127, 160, 199
코페르니쿠스, 니콜라우스(1473~1543) 160

ㅌ
타오, 타렌스(1975~) 191
테온(350?~400?) 156~158

ㅍ
파스칼, 블레즈(1623~1662) 68, 69, 146, 148
파촐리, 루카(1445~1514) 145~149
페르마, 피에르(1601~1665) 64, 128, 129, 131~134, 146~149, 220, 254
펜로즈, 로저(1931~) 51, 52, 193
푸앵카레, 앙리(1854~1912) 95, 96
프레게, 고틀로프(1848~1925) 59, 60
플라톤(BC 427~BC 347) 33, 85, 144, 154, 157, 153, 161, 162, 164, 177

ㅎ
하디 G. H.(1877~1947) 87, 107, 228, 229, 231, 232, 252, 253
하위헌스, 크리스티안(1629~1695) 17
히파티아(370?~415) 153~166

찾아보기

| 용어 색인 |

기타
10진법 24~26
2진법 24~26
4색 문제 111~115
$E=mc^2$ 181, 186, 240
MIT(매사추세츠공과대학) 140~143, 169, 223~227
RSA 30, 31
RSA-129 30
SNS 35, 36

ㄱ
결합법칙 80
골드바흐의 추측 116~119, 126
곱셈의 교환법칙 79
공리 158, 217, 218
구(sphere, 球) 56, 125, 214
규칙 28, 31, 32, 40, 68, 69, 78~82, 93~95, 114, 127, 175, 195, 196, 199~201, 204~207, 217, 219, 255, 256, 259
그래프 38, 42, 43, 93, 222
기차의 역설 72, 73
기하학 38, 55, 61, 176, 177, 203, 242, 244
기호 175, 178, 196, 197, 231, 261

ㄴ
논리 57~59, 82, 164, 174, 175, 188, 193, 194, 199, 204, 206, 217, 220, 231

ㄷ
드레이크 방정식 170, 171

ㄹ
리만의 가설 27, 28, 106

ㅁ
『메논』 83
멱함수(지수함수)분포 43, 44, 47
면(plane, 面) 61, 203, 242
명제 40, 57, 58, 175, 206, 213, 216
몬티 홀 문제 150, 191
무작위 39, 41, 44, 93, 94, 205
무한급수 189, 190
무한소 20
미분 20, 67, 75, 168, 252

ㅂ
발산 189

방정식 97, 123, 169~171, 191, 193, 196~199
벤포드의 법칙 45
부부수 257
부정방정식 123
분수 21, 107, 189
분포 28, 40~45, 47, 95, 96
불확정성의 원리 184
비유클리드 기하학 61, 242

ㅅ
사이클로이드 67~72
삼각법 65
삼각수 257
선(line, 線) 37, 38, 54, 55, 173, 175, 176, 178, 188, 203
소셜 네트워크 34, 35
소수(prime number, 素數) 28, 30~32, 116~121, 172, 255
소인수분해 30, 31
수렴 189, 190, 200
수식 103, 123, 134, 170, 188, 190, 193, 194, 196, 198, 240, 261
수열 195, 199~201, 204, 205
수학 올림피아드 86, 191
스미스 수 257
시간 14~20, 36, 183, 187, 188, 239, 241, 242

ㅇ
아리스토텔레스의 역설 70~72
아메스 파피루스 63
암호 27, 30, 31, 196

양자역학 176, 183, 184
에르되시 넘버(Erdös number) 40, 41
여론조사 97~99
여섯 단계의 분리 38~40
연역법 217
영(0) 20, 23~29, 32, 36, 63, 77, 82, 96, 229, 261
오일러의 공식 261
완전수 255~257, 259
우애수 254, 257
원 56, 67~73, 125, 127, 128, 158~163, 176, 195, 203, 214
원주율 261
원추곡선 158, 161
위상수학 196
음수의 곱셈 77~82
응용수학 218, 230, 252
일(1) 21, 23~29, 32, 36, 44, 45, 96, 117, 118, 175, 189, 229, 259~261
일반상대성이론 193, 237, 238, 244, 245
입체 177, 188, 203, 214

ㅈ
자연상수 261
자연수 21, 107, 123, 229
적분 67, 75, 190, 252
점 17, 37, 38, 43, 54~56, 50, 67, 68, 71~73, 162, 173, 175, 178, 187~189, 203, 222, 257
정규분포 42, 43, 95, 96
정다면체 177
제논의 역설 187, 188
조건부 확률 151
종형분포 42

주사위 144~146
중력 53, 66, 68, 237, 240~242
증명 27, 28, 32, 38, 40, 57, 111~114, 118~120, 122, 125, 126, 132~134, 138, 151, 164, 175, 182, 193, 211, 213, 230, 251
진법 24~26
진자의 등시성 17
집합 57, 59, 60
집합론의 위기 60

ㅊ
차원 54~57, 60, 61, 93, 127, 174, 188, 222
추상 77, 178, 196, 204

ㅋ
컴퓨터 22~24, 26, 27, 30, 31, 47, 93, 96, 113, 114, 120, 126, 143, 226
케플러의 추측 126
코페르니쿠스 체계 160
쾨니히스베르크의 다리 37, 64
클러스터링 계수 43, 44

ㅌ
타원 125, 160~163
통계 42, 90, 95, 97, 99, 143, 144, 194
트라이포스 87
특수상대성이론 174, 238, 239, 241, 244
『티마이오스』 177

ㅍ
파레토의 법칙 44, 47, 48
페르마의 마지막 정리 64, 130~135
평균(값) 42, 43, 90 91, 95, 221, 222
평면 51, 55, 56, 61, 127, 128, 161, 174, 188, 242
프톨레마이오스 체계 158, 160
피보나치 수열 199~201
필즈상 84

ㅎ
함수 28, 43, 44, 47, 196, 197
합성수 120
해킹 225, 226
확률 45, 90~92, 125, 143~151, 170, 171, 184, 191
황금비 파이(Pi) 199~201

수냐의 수학영화관

1판 1쇄 펴냄 2013년 3월 5일
1판 14쇄 펴냄 2022년 1월 25일

지은이 김용관

주간 김현숙 | **편집** 김주희, 이나연
디자인 이현정, 전미혜
영업·제작 백국현 | **관리** 오유나

펴낸곳 궁리출판 | **펴낸이** 이갑수

등록 1999년 3월 29일 제300-2004-162호
주소 10881 경기도 파주시 회동길 325-12
전화 031-955-9818 | **팩스** 031-955-9848
홈페이지 www.kungree.com
전자우편 kungree@kungree.com
페이스북 /kungreepress | **트위터** @kungreepress
인스타그램 /kungree_press

ⓒ 김용관, 2013.

ISBN 978-89-5820-249-3 03410

책값은 뒤표지에 있습니다
파본은 구입하신 서점에서 바꾸어 드립니다.